새로운 북한, 오래된 북한

지은이 **에카르트 데게** Eckart Dege

에카르트 데게는 1942년 독일 엘빙에서 한 지리학자의 아들로 태어났다. 1961년
부터 1969년까지 독일 본대학교에서 지리학, 지질학, 기상학을 공부하였으며, 지
리학 박사학위를 취득하였다. 학생 때부터 열렬한 사진작가였으며, '사진'은 지리
학 아이디어를 표현하는 수단이었다. 대부분의 사진은 찍기 전에 이미 마음속에
그려져 있었다. 학생 시절 독일에서 지리학 박사학위를 받은 최초의 한국인 김도
정과 친구가 되었다. 그와 그의 아내에게서 김치뿐만 아니라 한국의 지리학과 문
화의 많은 면을 소개받았다. 1971년 서울대학교 교수가 된 김도정의 초대로 한국의 지리학 답사에 참여하였
다. 이때부터 산업화가 농업 지역의 발전에 미치는 영향을 연구하기 시작하여 박사학위 논문의 연구 주제가 되
었다. 1974년부터 1976년까지 경희대학교 지리학과에서 객원교수로 재직하면서 연구를 계속하였다. 연구 마
을이 한국 전역에 퍼져 있었기 때문에 한국의 많은 곳을 다녔다. 한국에서의 연구는 1980년에 출간된 교수 자
격 논문의 기초를 형성하였고, 이를 통해 킬대학교에서 지리학 교수가 될 자격을 얻었다. 이후로도 그는 연구와
현장 학습을 위해 여러 번 한국을 방문하였고 북한도 아홉 번이나 방문하였다. 1970년대 한국을 방문했을 때
찍은 사진들을 모아 2018년 한국에서 『독일 지리학자가 담은 한국의 도시화와 풍경』을 펴낸 바 있다.

옮긴이 **김상빈**

서울대학교 사회과학대학 지리학과를 졸업하였으며 독일 라이프치히대학교에서 구 동·서독 접경 지역에 관한
연구로 박사학위를 취득하였다. 독일 지역지리연구소(Institute for Regional Geography) 객원연구원, 서울대
학교 국토문제연구소 연구원, 대통령 직속 지역발전위원회 정책연구관 등을 역임하였고 현재는 국토연구원에
객원연구원으로 참여하고 있다.

독일 지리학자의 북한 답사 앨범

새로운 북한,
오래된 북한

푸른길

서문

1970년대 남한에서 경희대학교 초빙교수로 2년간 지리학을 가르치고 많은 지리 답사를 거친 이후, 나는 '또 다른 한국', 즉 DMZ 북쪽에 있는 한국에 관심을 갖게 되었다. 당시 북한 지역에 대해서는 알려진 것이 거의 없었다. 그곳에 갈 방법 또한 요원했다. 나는 북한 비자를 받기 위해 프라하 주재 북한대사관을 여러 차례 방문했다. 그곳 사람들은 예의 바르고 친절했지만, 비자를 주려 하지는 않았다. 이 문제를 파리의 유네스코 북한대표부와 논의하면서 '한민족의 친구'만이 북한 비자를 발급받았다는 사실을 알게 되었다. 어떻게 한민족의 친구라는 것을 증명할 수 있느냐는 나의 질문에 그들은 내가 있는 킬대학교에 '우리 위대한 지도자의 불멸의 업적'을 연구하는 연구소를 설립할 것을 제안했다. 그렇게 하면 내가 한민족의 진정한 친구라는 것을 증명할 수 있다는 것이다. 이런 상황에서 나는 '한민족의 친구'가 되는 것을 그만두고 북한을 방문하려던 계획을 포기했다.

여러 해가 지나고 1988년 서울에서 올림픽 개최 준비가 한창일 때 갑자기 평양으로부터 텔렉스 한 장을 받았다. 북한 정부 여행사인 조선국제여행사가 '비적대적 자본주의 국가'의 관광객을 맞이할 계획인데, 내가 '관광 자본가' 일행을 북한으로 안내할 수 있는지 묻는 내용이었다. 나는 아시아 투어를 제의한 독일 여행사들 중에서 그 대표자들이 관심을 갖고 있는 6명의 이름을 알아내 평양으로 보냈다. 바로 다음 날 그 명단이 승인되었고, 나는 그 여행에 1인당 4,500마르크의 비용이 든다는 것을 알게 되었다. 그래서 나는 대답했다. "자본주의 국가에서는 홍보 여행 비용을 직접 지불할 필요가 없습니다. 우리는 가지 않을 겁니다." 불과 하루 후에 나는 그들이 국가 수립 40주년을 함께 기념하기 위해 우리를 초대하고 싶으며, 물론 우리는 동베를린에서 시작하고 끝나는 그들의 손님이 될 것이라는 새로운 텔렉스를 받았다. 그렇게 '비적대적 자본주의 국가'로부터의 관광이 북한에서 시작되었다.

외국인에게 개방된 모든 관광지를 순시하는 우리의 여행에는 정부 여행사 대표인 계 씨가 동행했다. 평양에서 만난 한 동독 외교관은 "당신들은 매우 중요한 대표단임이 틀림없다. 그 가이드는 조선국제여행사의 우두머리일 뿐 아니라 비밀경호국의 중령이기도 하다."라고 말했다. 계 씨는 정말로 내가 한국을 잘 이해하고 있는지 무척 궁금해했다.

평양에서 원산으로 가는 길에 그는 황해북도의 산속에서 버스를 멈추고 우리 모두를 내리게 했다. 그리고 "이건 데게 박사가 한국을 얼마나 잘 아는지 보기 위한 마지막 검사."라고 선언하며 내게 "이 들판에서 자라고 있는 것은 무엇입니까?"라고 물었다. 내가 "들깨."라고 대답하자, 그는 한국을 정말 잘 알고 있다며 놀라워했다. 사실 남한에서 토지 이용 지도를 많이 만들었던 농업 지리학자에게 이 질문은 그리 어렵지 않았다. 어쨌든 이 일이 있고 나서 북한 가이드들은 나에게 가짜 이야기를 하지 않도록 항상 조심했다. 내가 더 잘 알지도 모르기 때문이다.

3주간의 답사여행으로 지리학과 학생 30명과 함께 북한을 방문했을 때에는 가이드들이 종종 "당신의 학생들은 전에 우리를 방문했던 젊은 독일인들처럼 예의가 바르지는 않습니다."라고 불평했다. 나는 물었다. "그 젊은 독일인들이 파란색 셔츠를 입었습니까?" 그들은 맞다고 대답했다. 파란색 셔츠는 공산주의 동독의 자유독일청년단인 FDJ의 유니폼이었다. 나는 우리 학생들이 그들과 다르다는 것이 자랑스러웠다. 우리 학생들은 단지 보여 주거나 들은 것을 당연하게 여기지 않고 모든 것에 의문을 가졌으며, 그것은 학생들이 응당 해야 할 행동이었다.

제자들과의 견학 후 독일 지리 선생님들과도 여러 차례 견학차 북한을 방문했다. 나는 그들을 위해 한 번의 여행으로 남한과 북한의 발전을 비교하는 특별 프로그램을 개발했다. 물론 DMZ를 넘을 수는 없었다. 그래서 우리는 한국에서 프로그램을 마치고 중국 다롄과 단둥을 우회해 신의주를 거쳐 북한에 들어갔다. 처음 이 'All-Korea field trip'을 떠났을 때 우리는 우리의 안내인과 통역을 신의주에서 만나게 되었다. 그들은 우리의 여권을 보고 우리가 불과 이틀 전에 한국에 있었다는 사실에 매우 놀라워했다. 나는 그 사실을 확인해 주며 "조선은 하나다."라고 대답했다. 그들은 전국 어디에서나 볼 수 있는 그들의 선전구호에 거부할 수 없었다.

나는 이 책의 원고를 내 모국어가 아닌 영어로 썼다. 이 과정에서 나는 영어와 함께 자란 아내 케이에게 많은 도움을 받았다. 이 자리를 빌려 아내에게 감사한 마음을 전한다.

차례와 이동경로

두만강

O
백두산

청진

M

칠보산
L

P

단둥
신의주

F
묘향산

G

E

N

원산

A 평양
I

남포
J

서해갑문
D

금강산

구월산
H
K

B

개성
C

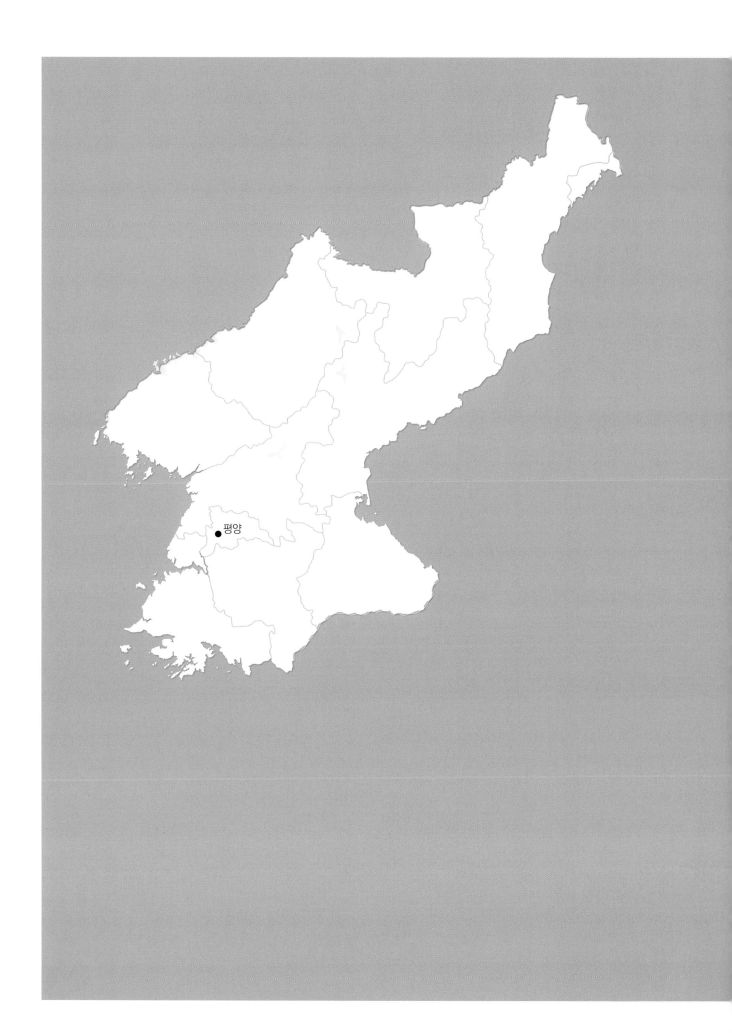

A

평양

평양

1989-07-29

지리적으로 보면, 평양은 한반도의 북반부에서 가장 유리한 위치를 점하고 있다. 평양은 한반도 서부 평원지대에 있는 유역 분지들 중 하나에 자리하며 대동강 하류에 가로로 걸쳐 발달해 있는데 옛날에는 바다를 항해하던 배가 이곳까지 거슬러 올라왔다. 비옥한 대동강 유역의 물들이 이곳에서 수렴하고, 옛날 서울에서 중국을 오가는 사신들이 지나던 길도 이곳에서 강을 건너 베이징까지 이어졌다.

평양 도심에서 남동쪽으로 약 40킬로미터 떨어진 검은모루동굴에서 60만 년 전 인간의 유적이 발견된 것으로 보아 평양 지역은 구석기시대 이래로 인간이 정착해 온 땅이다. 신석기시대에 대동강 유역은 문화적으로 중국 내륙의 신석기인들과 구분되는, 아시아의 태평양 문화 전통에 속했던 퉁구스 기원의 농민들이 정착해 생활하였다.

전설에 따르면, 기원전 1000년경에 중국에서 탈주한 기자가 고조선 땅에 나라를 세웠는데 기원전 3세기 초에 중국(연)의 공격을 받아 패배하고 그 중심부를 이곳으로 옮겼다. 기원전 194년 연의 유민인 위만의 무리가 정권을 탈취하였으며 이후 토착민들과 세력을 결합해 평화롭게 통치하였다. 이후 기원전 108년 한의 무제가 이 땅을 정복하였으며 정복한 고조선 땅에 4개의 군(郡)을 설치하였다. 가장 중요한 지휘부는 평양의 바로 맞은편 대동강 좌안에 있는 왕산을 행정 중심지로 한 낙랑군이었다. 낙랑군 무덤의 발굴로 인해 당시는 활발한 문화교류의 시기였음이 드러났다.

서기 247년 고구려 조정은 만주의 중앙부에서 내려온 유목 침입자들에 의해 수도 국내성이 압력을 받자, 일시적으로 수도를 평양으로 이전하였고 대성산에 산성을 축조하였다. 서기 323년 한의 지휘자들은 왕산에서 쫓겨났고 낙랑군은 고구려에 흡수되었다. 약 100년 후인 서기 427년에 고구려는 대성산성을 보강하였으며, 산성 앞에 왕궁으로 쓰일 안학궁을 건설하고 수도를 평양 지역으로 옮겼다.

하지만 안학궁은 개방된 평야지대에 위치하여 방어에 어려움이 있었기 때문에 서기 586년에 고구려는 수도를 다시 오늘날 평양의 중심부인 대동강과 보통강 사이의 반도로 이전하였다. 모란봉은 새로운 수도를 위한 산성의 입지가 되었고, 그 앞에 있는 평야와 언덕에는 방벽으로 둘러싸인 세 개의 개별적 도시 지역이 들어섰다(#010 참조). 이로써 한국 도

시의 전형적인 배치가 완성되었는데 이는 평야나 분지에 궁궐과 도시적 취락이 있고 이를 둘러싼 성벽이 있으며 그 뒤쪽, 주로 북쪽의 산에 산성이 있는 배치를 말한다.

서기 668년 고구려는 신라에 패하였고 평양은 신라를 지원하는 당나라 군대에 의해 완전히 파괴되었다. 그 후에 평양은 서서히 부활하여, 궁극적으로 한반도 북반부에서 재차 경제적으로 가장 중요한 도시가 되는 경험을 하였다.

그러나 평양은 제2차 세계대전이 지나고 한국의 분단 직후에야 다시 수도가 되었는데, 이 시기는 한반도 북쪽 지역이 공산주의자들의 지배를 받던 때였다. 평양이 한국전쟁 동안 미군의 폭격에 의해 완전하게 파괴된 후, 북한은 사회주의 모델도시로 평양을 재건하는 큰 진전을 이루었다. 이것은 근본적으로 완전히 새로운 도시를 세우고 계획하는 수준이었다. 이러한 노력의 차원에서 평양의 도시계획가들은 18세기와 19세기 유럽의 독재적 통치자들의 도시계획 아이디어를 차용하였는데 그것은 주도로들과 함께 기념비적 건축물과 거대한 공공건물을 광축으로 배치하는 것이었다. 2008년 현재 평양직할시는 모든 교외 지역과 대규모 농촌 지역을 포함하여 325만 5000명의 인구를 보유하고 있다.

위 사진은 1989년 방문 당시 주체사상탑에서 평양시 중심부를 바라본 모습이다. 강 맞은편 중앙에 김일성광장과 인민대학습당이 자리 잡고 있다. 북한에서는 현대도시 건설을 위한 대부분의 노력이 사회주의 모델도시로서 평양에 집중된다. 따라서 평양의 스카이라인은 앞으로도 끊임없이 변화할 것이며, 이 사진과 마찬가지로 모든 사진이 곧 실제와 다른 낡은 사진이 될 것이다.

인민대학습당

1989-07-29

인민대학습당은 총면적 10만 제곱미터로 3000만 권의 장서를 수용할 수 있는 거대한 중앙도서관이다. 23개의 열람실과 14개의 강의실은 5000명을 수용할 수 있다. 한국 전통 건축 양식을 따서 녹색 청기와를 얹은 34개의 곡선 지붕이 특징적인 건물로 남산재 위에 지어졌으며 김일성광장의 서쪽에 위치한다. 건물의 북쪽에는 넓은 면적의 만수대분수공원이 있어 여름의 열기에도 시원한 바람을 제공한다.

1988-09-08

2008-09-21

1988-09-09

1988-09-09
김일성과 외빈인 중국의 양상쿤(楊尚昆) 국가주석이
인민대학습당 앞 단상에서 퍼레이드를 사열하고 있다.

태양절(김일성의 생일), 광명성절(김정일의 생일), 인민정권 창건일처럼 국경일 중에서도 특별한 기념일에는 수십만 명
의 사람들이 각자의 사회조직 무리를 구성하여 인민대학습당 앞의 사열대를 채운 당과 군 간부들 앞을 행진한다. 이렇
게 완벽하게 연출된 행진은 장시간의 무수한 훈련과 예행연습을 필요로 한다.

평양제1백화점

1990-08-02

1989-03-19

오랜 기간 동안 북한은 중공업과 군수산업에 집중하느라 소비재산업을 소홀히 하였다. 그 결과 북한 소비재산업의 진열 장이라고 할 수 있는 평양제1백화점의 쇼윈도는 2008년 이 백화점이 중국 무역회사에 인수되기 전까지 20년 동안 같은 모습이었다.

1988-09-14 / 김일성 동상 오른편의 항일혁명투쟁탑

만수대대기념비는 김일성의 60세 생일을 기념하기 위해 1972년 4월에 세운 거대한 조형물이다. 높이 20미터가 넘는 김일성 청동상은 인민들에게 미래로 가는 길을 보여 주는 의미로 오른팔을 들고 있다. 김일성 동상의 양옆에는 항일투쟁 시기(오른편)와 사회주의 혁명 및 건설(왼편)을 나타내는 총 228개의 청동상들이 붉은 화강암으로 만들어진 길이 50미터, 높이 22.8미터짜리 깃발들과 함께 자리를 잡고 있다. 김일성 동상의 뒤쪽 배경으로는 조선혁명박물관 벽에 조성된 길이 70미터, 높이 12.85미터의 백두산 모자이크가 있다. 2011년 김일성의 아들이자 후계자인 김정일이 사망한 후에는 김정일의 동상이 그 옆에 세워졌다. 결혼식 등과 같은 특별한 경우에 주민들은 이곳을 방문하여 절을 하고 헌화하는데 평양을 방문한 외국인들에게도 그러한 관례를 기대한다.

2008-09-10
김일성 동상 왼편의 사회주의혁명 및 사회주의건설탑

어린이들

1991-09-21

1989-03-19

1991-09-22

북한의 의무교육은 유치원(1년)-소학교(5년)-중학교(6년)로 이어지며 그 이전 어린아이는 공공탁아소에서 맡는다. 정부는 아주 어린 나이 때부터 아이들의 교육을 담당함으로써 부모의 노동을 생산에 투입하는 데 제약을 받지 않으며 젊은 세대가 사회주의 사회의 충실한 일원이 되도록 교육할 수 있다. 붉은 피오네르('개척자'라는 뜻의 러시아어) 스카프를 매고 파란색과 흰색의 제복을 입은 학생들이 아침 일찍 각자의 거주 지역에서 모여 큰 소리로 혁명 노래를 부르면서 학교까지 함께 행진한다. 조선소년단과 같은 사회조직에서의 활동은 북한 학생들의 하루에서 나머지 시간을 차지한다. 뒷마당에서 혼자 놀거나 부모와 함께 나들이를 할 수 있는 경우는 오직 주말과 휴일에만 가능하다.

천리마동상과 개선문

2008-09-10

천리마동상은 김일성의 49세 생일을 기념하여 1961년 4월 15일에 공개되었다. 이는 1956년 김일성에 의해 주도된 천리마운동을 상징하는데 마오쩌둥의 대약진운동과 비슷하게 노동의 속도와 사회주의 건설에 있어 노동자들의 열정을 장려하고자 하였다. 하루에 천 리를 달린다고 하는 전설적인 날개 달린 말 위에 '천리마의 속도'로 작업할 것을 독려하는 당의 '붉은 편지'를 높이 든 노동자가 커다란 볏단을 든 젊은 여성 농부와 앞뒤로 앉아 있다. 이는 공업과 농업 발전에서 '천리마 속도'를 상징한다.

2008-09-21

60미터 높이의 개선문은 1982년 김일성의 70세 생일을 기념하여 세워졌다. "이곳은 정확하게 민족해방을 위한 열렬한 욕구로 투지가 가득 차 있고, 아직 소년인 시기에 혁명의 여정을 시작한 위대한 지도자 김일성 주석이 20년간의 긴 항일투쟁을 승리로 이끌고 고향으로 귀환한 후에 우리 인민들에게 처음으로 안부인사를 행한 역사적 장소다"(Korean Review, Hwan Ju Pang, 1987, p. 200). 아치 각각의 기둥에서 보이는 두 개의 연도(1925, 1945)는 김일성의 혁명 경력에서 중요한 두 개의 연도를 나타낸다.

2008-09-21

1988-09-09
공화국 창건 40주년 기념일에 매스게임을 마친 후 훈장을 단 옛 전우들이 김일성경기장을 떠나는 모습. 1945년 김일성의 '개선'을 보여 주는 벽화가 뒤쪽에 보인다.

10만 석 규모의 김일성경기장은 모란봉 기슭에 있는 옛 공설운동장 자리를 차지하고 있다. 이 운동장에서 1945년 10월 14일 김일성이 연설을 했었다. 당시 '승리의 귀환' 행사 모습이 김일성경기장 옆의 벽화에 그려져 있는데 김일성이 그의 영광스러운 혁명 인민군을 이끌고 일제의 억압으로부터 한국을 해방시켰음을 시사하는 내용이다. 그러나 우리는 소련의 자료를 통해 실제로는 소련군대가 평양을 해방시킨 지 3주 후인 1945년 9월 19일 그가 소련함정을 타고 시베리아에서 원산으로 가족 및 몇몇 전우와 함께 도착했다는 것을 알고 있다.

2008-09-21

2008-09-21

개선청년공원은 1984년 7월 개방된 40만 제곱미터의 공원으로 모란봉 기슭의 김일성경기장 옆에 있다. 이 공원은 은사각(정자), 화원, 분수대에서 내려다보이는 인공호수 이외에도 평양의 젊은 가족들에게 인기가 있는 회전목마와 대관람차 같은 다양한 놀이 공간을 보유하고 있다.

모란봉에서

1989-07-31 / 평양성 내성의 북문인 칠성문, 1712년에 재건

2008-09-14

서기 586년 고구려가 방어에 어려움이 있는 안학궁터에서 대동강과 보통강 사이의 반도, 즉 오늘날 평양의 중심인 곳으로 수도를 옮겼을 때 고구려는 모란봉을 새로운 수도를 위한 산성의 입지로 선택하였다. 모란봉 앞에 있는 언덕과 평야는 각각의 성벽으로 나뉜 도시의 세 지역이 차지하고 있다. 왕궁이 있는 만수대 위의 내성, 정부 건물들이 있는 해방산과 창광봉 위의 중성 그리고 대동강과 보통강 사이의 평야 위에 있는 일반 주거 지역으로서의 외성이 그것이다. 내성과 산성의 옛 성벽과 세 개의 문(칠성문, 현무문, 전금문) 그리고 두 개의 전투사령부(을밀대와 최승대)는 여전히 모란봉에서 볼 수 있다. 오늘날 모란봉공원은 나들이와 소풍을 위한 장소로 평양 주민들에게 인기가 많다.

2008-09-14 / 추석날의 소풍

1991-09-22 / 평양성 내성의 북쪽 사령부였던 을밀대, 1714년 재건

2008-09-10

모란봉 남쪽 기슭에 위치한 천리마동
상 맞은편에는 1946년에 세워진 모란
봉극장이 있다. 이곳은 1948년 최고인
민회의의 첫 번째 회의가 개최되었던
역사적 장소이기도 하다.

2008-09-10

대동강을 따라

1989-03-22

2008-09-14
대동강 제방 위에서 장기를 두는 사람들

대동강과 그 지류들은 비교적 커다란 집수구역을 가지고 있다. 이 때문에 여름 계절풍이 부는 동안에는 강한 강수가 황해의 만조와 결합하여 평양까지 도달함으로써 도시에 지속적으로 범람의 위협을 가한다. 이 문제를 해결하기 위해 북한은 그동안 상류에 여러 개의 댐을 건설하고, 강을 따라 제방을 쌓고, 황해의 조수를 막는 서해갑문(#035 참조)을 설치하는 등 종합적인 홍수 통제 시스템을 갖추었다. 오늘날 홍수는 매우 극단적인 상황에서만 발생한다. 현재 강의 제방은 전통적으로 대동강 둑을 따라 줄지어 선 버드나무가 드리운 그늘 아래 산책로로 쓰이고 있다.

대동문과 연광정

1989-03-22
대동문

2008-09-14
연광정

평양을 둘러싼 고구려 성벽의 16개 문 중에서 5개의 문이 복원되었다. 이 중 가장 인상적인 것이 대동문(大同門)이다. 대동문은 평양성 내성의 동문이었다. 조선시대에 한양에서 베이징으로 가려면 대동강을 건너 이 문을 통해 평양으로 진입하였다. 원래 대동문은 6세기 중반에 세워졌고, 현재의 문은 1635년에 재건되었다.

대동문의 북쪽에서 대동강을 조망하는 연광정(練光亭)은 성곽도시 내성의 동쪽 지휘부가 있던 곳이다. 고려시대에 평양성을 보수하면서 1111년 현재의 자리에 새로운 정자를 세웠고, 그것을 후에 '연광정(훌륭한 조망을 갖춘 정자)'이라고 불렀다. 현재의 정자는 1670년에 재건되었다.

1989-03-05

모란봉의 바로 남쪽 대동강 변에 있는 옥류관은 한국 고유의 건축 양식을 띠고 있으며 한국의 전통음식 중에서 특히 유명한 '평양냉면'으로 인기가 있다.

5월1일경기장

2008-09-09

2008-09-09 / 아리랑 공연은 3만 명 이상의 잘 훈련되고 규율된 학교 어린이들이 펼치는 거대한 카드섹션으로 유명하다. 어린이들은 각각 색색의 판지를 들고 복잡하게 움직이는 그림 속의 한 픽셀을 형성한다.

대동강 능라도의 '5월1일경기장'은 본래 1988년 서울올림픽의 공동 개최를 목적으로 건설되었다. 서울의 올림픽주경기장보다 수용 규모가 50% 더 많은 15만 석으로, 세계에서 가장 큰 경기장이다. 올림픽경기를 공동 개최하려는 계획이 실패하자, 5월1일경기장은 올림픽게임과 대응관계에 있는 사회주의 국가들의 제13차 세계청년학생축전을 위한 장소로 사용되었다. 2002년 이후에는 매년 '아리랑'(집단체조를 기반으로 한 예술 공연)의 공연 장소로 사용되어 왔으며, 5년 동안의 휴지기 이후 2018년에는 '빛나는 조국'이라는 제목으로 공연이 다시 시작되었다. 2007년 8월 10만 90명이 참가한 아리랑 공연은 세계에서 가장 큰 체조 행사로서 기네스북에 이름을 올렸다.

천리마거리

1991-09-20 / 천리마거리

평양의 도시계획가들은 재건의 첫 번째 단계(1953~1960)에서는 소련 건축의 전형적인 사례를 그대로 따랐다. 그들은 승리거리와 영광거리 같은 도시의 주요 축을 따라 동베를린, 바르샤바, 모스크바에나 있을 법한, 타일로 된 파사드(건물 전면부)를 가진 5층짜리 주택 블록들을 건설했다. 외국 전문가들을 위한 대동강호텔 같은 건물이나 김일성광장 옆의 공공건물과 박물관들은 확연한 소련 스타일(스탈린 양식)로 건설되었다. 재건의 첫 번째 단계는 1960년 승리거리의 남쪽 끝에 평양대극장을 완공하면서 종료되었는데 이 건물은 전형적인 한국의 팔작지붕을 얹은 최초의 민족주의 스타일 공공건물이었다.

재건의 두 번째 단계는 천리마운동(#007 참조)의 영향하에서 1960년에 시작되었다. 이제는 조립식 콘크리트슬래브 건축과 같은 산업 건축 기술이 적용되었다. 모든 사회주의 국가에서 일반적이었던 이러한 건축 양식은 동독의 할레노이슈

1991-10-05 / 인민문화궁전

타트에서부터 소련의 블라디보스토크에 이르기까지 모두가 동일해 보이는 지루한 주택을 만들어 냈다. 이와는 대조적으로 북한의 도시계획가들은 이 기술을 사용히면서도 긴물의 높이, 지상층으로의 서비스 시설 통합, 외관 디자인, 색깔 등에 노련한 변화를 줌으로써 흥미로운 도시경관을 창조하는 데 성공하였다. 대단히 좋은 예는 1.2킬로미터의 천리마거리인데, 이 거리는 1970년에 5차 당대회를 기념하여 단 6개월 만에 건설되었다. 천리마거리 북쪽 끝에 있는 인민문화궁전 역시 흥미로운 건축 디자인을 보여 주는 공공건물이다.

평양수예연구소

2008-09-20

2008-09-20

한국의 자수는 예로부터 유명하다. 평양 자수의 특별함은 실크 원단에 그려진 그림을 100가지가 넘는 색깔의 실크실로
세심하게 덧씌워서 수놓은 그림 자수다. 평양수예연구소는 이 예술을 잘 다듬어서 젊은 여성들에게 가르친다. 완성품은
만수대창작사에서 제작된 미술 작품과 마찬가지로 외화를 벌어들인다.

평양 지하철

2008-09-10 / 천리마선의 남쪽 끝에 있는 부흥역

2008-09-10 / 에스컬레이터로 지상에서 플랫폼까지 3분 30초 걸린다.

2008-09-10

평양의 지하철 건설은 1968년에 시작되었고 첫 번째 노선은 1973년 9월에 개통되었다. 지금은 총길이 34킬로미터로, 두 개의 노선(모두 대동강 서쪽)에 17개의 역을 보유하고 있다. 철도의 차량은 중국으로부터 수입하였고 나중에는 독일 베를린 지하철의 중고 장비로 대체하였다. 터널들은 지하 110미터 아래를 통과하고, 통로에 방폭(防爆) 문이 설치되어 있어 방공호로서의 역할도 한다. 역사 안은 모스크바의 지하철 역사를 모방하여 사회주의 리얼리즘 스타일의 벽화와 화려한 샹들리에로 장식되어 있다.

2008-09-21 / 평양역에서 본 영광거리

2008-09-21

영광거리는 평양역으로부터 대동강 변에 위치한 평양대극장으로 이어진다. 한국전쟁 후 재건의 첫 번째 단계에서 이 도로에는 소련 스타일의 5층짜리 주택 블록들이 줄지어 들어섰다. 그동안 고층아파트와 천리마문화회관, 평양국제문화회관과 같은 공공건물들이 동일한 형태의 주택 블록들 사이에 건설되었다. 도로의 양편에 줄지어 있는 나무들로 인해 영광거리는 상당히 매력적인 모습을 보인다.

서성거리의 노면전차

1991-09-21

북한에서 개인의 자동차 소유는 대단히 드문 일이기 때문에 사람들은 주로 정부에서 운영하는 공공 운송수단에 의존한다. 평양에서 대중교통의 주력은 지하철(#018 참조)과 무궤도전차(트롤리버스)이다. 무궤도전차 노선이 점차 과밀화되자, 시 당국은 노면전차(트램) 노선을 건설하기로 결정하였다. 첫 번째 노선은 1990년에 개통되었다. 현재 3개의 정규 노선(평양역–만경대, 토성–낙랑–문수, 서평양–낙랑)과 김일성의 묘가 있는 금수산태양궁전까지 운행되는 1개의 특별 노선이 존재한다. 객차는 프라하와 동독의 드레스덴, 마그데부르크, 라이프치히로부터 수입한 체코 타트라사의 전차로 이루어졌다. 2018년 8월 이후 이들 낡은 전차는 점차 북한에서 제작한 것으로 대체되고 있다.

2008-09-10

평양시는 1988년 서울올림픽의 공동 개최를 주장하고 그 준비를 하는 과정에서 완전히 새로운 도시구역을 보통강의 서쪽에 건설하였다. 이 새로운 만경대구역의 주도로는 동서로 달리는 광복거리와 광복거리 중간의 칠골입체교차로부터 남쪽으로 대동강까지 이어지는 청춘거리이다. 광복거리에는 본래 올림픽 선수촌으로 계획되었던 둥근 고층 건물들이, 청춘거리에는 다양한 올림픽 종목을 위한 체육관들이 줄지어 있다. 현대적인 아파트 빌딩, 레스토랑, 호텔, 그리고 평양 교예극장과 만경대학생소년궁전 같은 인상적인 공공건물이 있는 길이 6킬로미터, 폭 100미터의 광복거리는 평양의 쇼케이스 중 하나다.

만경대학생소년궁전

1991-09-21

2008-09-12

1989년 5월 광복거리 서쪽 끝에서 개관한 만경대학생소년궁전은 소학교와 중학교 학생들을 위한 과외교육기관이다. 총
면적 10만 3000제곱미터에 다양한 활동을 위한 200여 개의 소조활동실, 2000석 규모의 극장, 체육관, 수영장 등 여러
시설이 골고루 갖추어져 있다. 이곳에는 하루 평균 5000명 이상의 학생들이 방문한다고 전해진다. 극장에서는 외국인
방문객을 위한 아이들의 전문 공연이 정기적으로 열리고 있다.

만경대 – 김일성 출생지

1988-09-08

북한의 선전매체에서 '조선 인민의 마음의 고향'이라 부르는 만경대는 1912년 4월 15일 김일성이 출생한 곳으로 평양의 서쪽에 위치한다. 원래의 마을 가운데 김일성이 태어나고 어린 시절을 보낸 조부의 초가만이 꼼꼼하게 복원되어 있다. 김일성 일가는 지주의 묘지기이자 가난한 소작 농부였던 김일성의 증조부 때부터 이곳에 거주하였다. 김일성의 아버지 김형직은 중학교에 다니고 교장의 딸과 결혼함으로써 농민계급으로부터 벗어나 신분 상승에 성공하였다. 김형직은 처음에는 교사로, 나중에는 한약사로 일했다. 김일성은 7세 때 가족과 함께 만주로 이주하였다. 11세 생일 직전에는 중학교에 다니기 위하여 칠골의 외조부 집에 머무르고자 그 유명한 '천리길 행진'으로 홀로 고향에 돌아왔다. 이곳에서 2년을 체류한 후, 김일성은 만주에 있는 그의 가족에게 돌아갔다. 앞선 가족사와 나중의 중학교 생활은 김일성을 민족주의적 감성과 항일의 열정에 빠져들게 했다.

용악산 법운암

2008-09-09

1996-08-24
친절한 노신사였던 한경택 학예사

평양의 서쪽 변두리, 만경대의 바로 북쪽에 위치하며 숲이 울창한 용악산은 평양에 거주하는 주민들이 즐겨 찾는 등산
장소이다. 최고봉인 높이 292미터의 대봉에 오르는 길에 송덕정이 있는데 여기서 조망하는 도시의 모습은 장관이다. 중
간쯤 올라가면 고구려시대에 세워지고 조선시대에 복원된 작은 암자 법운암이 있다. 법운암은 본당, 나한전, 산신각, 칠
성각 그리고 수도승의 거처로 이루어졌다.

평양의 기독교 교회

1989-03-19
가톨릭 장충성당

1989-03-22
개신교 봉수교회

2008-09-09
러시아정교회 정백사원

평양은 한때 '동방의 예루살렘'으로 알려질 만큼 한국 기독교의 중심이었다. 당과 국가에 의해 종교가 탄압을 받음에 따라 오늘날에는 4개의 교회만 남았는데, 이 중 두 곳은 개신교(봉수교회와 칠골교회)이고 나머지는 가톨릭(장충성당)과 러시아정교회(정백사원) 한 곳씩이다. 내가 알기로는 현재 봉수교회와 장충성당 단 두 곳만이 작지만 매우 활발한 신도들과 함께 '운영되고' 있다.

조선예술영화촬영소

2008-09-10

2008-09-10
남한 모습의 세트장

김일성은 이데올로기 교육과 선전에 미치는 영화의 힘을 잘 알고 있었다. 그래서 일찍이 1947년 2월 조선예술영화촬영소를 평양의 형제산구역에 세웠다. 이후 촬영소는 지속적으로 확대되어 이제는 10개의 제작팀이 이곳에서 동시에 촬영과 녹화를 할 수 있다. 조선예술영화촬영소는 특히 영화매체에 대단한 흥미를 가졌던 김정일의 보호하에 수많은 영화를 제작하였다. 대부분의 영화들은 역사적 스토리를 다루고 있다. 예를 들면, 무자비한 지주와 부패한 관리들에 의해 억압을 받았던 가난한 농부들이 종종 백두산 주위의 숲에서 내려온 구원자들에 의해 구출된다. 혹은 모든 역사적 시기의 외국 침략자들에 대항하여 한국인들이 항상 승리하는 영웅적 투쟁을 묘사한다. 이들 영화의 촬영을 위해 술집과 사창가가 늘어선 황폐한 남한 거리를 비롯해 한국사의 모든 시기에 해당하는 세트장이 설치된다.

대성산성 남문

1991-09-26

고구려가 서기 427년에 수도를 평양으로 옮겼을 때 대성산의 남쪽 기슭에 있는 하천 평야 위에 왕궁인 안학궁과 도시가 건설되었다. 도시 자체를 둘러싼 방벽은 없었지만, 공격을 받았을 때 대피용으로 사용하기 위해 대성산에 6개 봉우리를 모두 연결하는 성벽을 쌓아 산성을 만들었다. 이 산성에는 20개의 문이 설치되었으며 병영, 무기고, 창고 등과 위급 상황에 대비한 170개의 연못이 축조되었다. 성벽의 일부와 몇 개의 연못은 지금도 볼 수 있다. 인상적인 모습의 남문은 상상력을 동원하여 1978년에 다시 지은 것이다.

1988-09-08

1988-09-08
의장대 병사

대성산의 6개 봉우리 중 하나인 주작봉은 1973년 혁명열사릉이라 불리는 국립묘지의 부지로 선택되었다. 1975년 10월에 완공되고 1985년에 재건·확장된 이 묘지에는 김일성의 동지, 혁명가, 독립운동가의 유해가 안치되어 있다. 각각의 무덤에는 청동 흉상이 세워져 있는데 그 아래 비석에는 해당 혁명열사의 이름과 가장 중요한 이력이 기록되어 있다. 이 청동 흉상은 사진 혹은 살아 있는 동료의 기억을 가지고 만든 것이다. 붉은 화강암으로 된 거대한 깃발 앞 가장 높은 단에는 김일성의 부인 김정숙의 청동 흉상과 유해가 자리 잡고 있다.

2008-09-14

2008-09-14

광법사는 고구려가 평양에 건설했다는 9개 사찰 중 하나
이다. 392년에 대성산 북서쪽 기슭에 건립되었으며 한국
전쟁 중에 폭격으로 대부분 파괴되었다가 1990년에 복
원되었다. 특히 인상적인 것은 이중으로 된 팔작지붕과
다채로운 탱화를 보유한 대웅전이다.

단군릉

2008-09-21 / 평양시 강동군 문흥리

13세기의 삼국유사에 의하면 단군은 기원전 2333년에 한국 최초의 왕국 고조선을 세운 신화적인 신왕이었다. 그는 '하늘의 손자(환웅)'와 '여자 곰(웅녀)'의 아들이라고 전해진다. 김일성은 단군이 단순히 전설이 아니라 역사적인 실존인물이라고 확신하였다. 이에 북한의 고고학자들은 단군으로 추정되는 유골과 무덤의 위치를 찾아내도록 강요받았다. 고고학자들은 평양직할시 북동쪽 강동군 문흥리에서 단군 부부의 것으로 보이는 무덤을 발견하는 데 성공하였다. 단군과 그의 아내 유골은 1994년에 각각 높이 22미터, 길이 50미터의 백색 화강암을 피라미드 형태로 쌓아 올린 기념비적인 무덤에 다시 매장되었다.

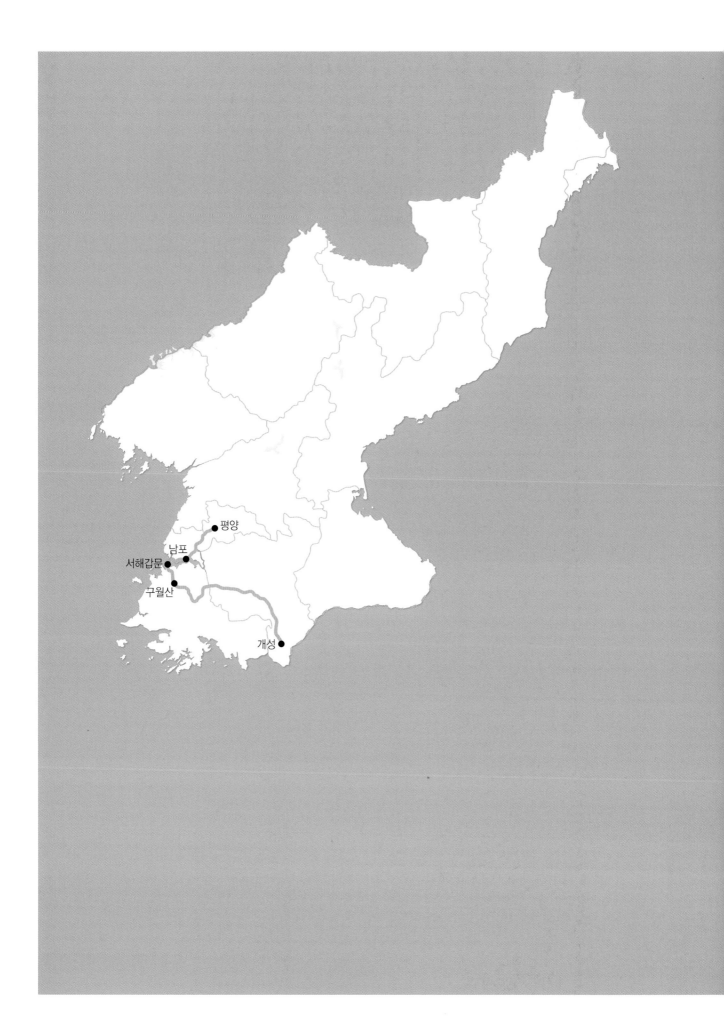

평양

남포

서해갑문

구월산

개성

B

도로를 따라가는
평양–남포–구월산–개성

대동강 평야의 농사

1989-03-15
남포의 북쪽

1989-07-30
평안남도 대안

대동강 하류의 평야(평양평야)는 북한의 쌀 곡창지 중 하나이다. 이른 봄 협동농장의 농부들은 모판을 준비하느라 많은 노력을 하는데 이 무렵에도 상당히 찬 북풍으로부터 모를 보호하기 위하여 거적을 짜서 모판을 덮는다. 한편 전략적 고려 차원에서 북한은 각 지역과 도시들이 식량을 자급자족하도록 독려하기 때문에 모든 도시와 마을은 채소 재배의 벨트로 둘러싸여 있다. 채소밭의 미기후학적 조건을 개선하기 위하여 찬 바람을 막아 주는 옥수수들을 채소밭 주위에 줄지어 심는다.

대동강 하류의 중공업

1991-10-04
강선의 4월13일제철소

1989-03-15
대안중기계연합기업소

평양 아래 대동강 하류의 계곡은 철강 생산의 중심지이다. 황해북도 송림시의 황해제철연합기업소는 황해남도의 은율 등에서 채굴된 적철광석의 가공을 위하여 1918년 일본 미쓰비시사가 세운 옛 겸이포제철소에서 성장하였다. 오늘날에는 대동강 건너편에 추가적으로 천리마제강연합기업소와 강선에 4월13일제철소 그리고 강서 근처에 특수강공장이 들어서 있다. 이들 철강 생산 센터의 근처로는 강서의 금성트랙터(뜨락또르)종합공장과 파이프생산공장, 남포의 조선소, 대안의 대안중기계연합기업소 같은 상당히 많은 금속 관련 공장들이 세워져 있다. 특히 대안중기계연합기업소는 1961년 12월 김일성이 공장을 방문했을 때 개발한 사회주의 산업경영시스템인 '대안작업시스템'으로 유명해졌다.

1989-07-30

1989-03-15

1897년 외국과의 무역을 위해 가장 빨리 개방한 항구 중 하나인 남포는 오늘날 북한에서 가장 큰 항구가 되었다. 남포항은 평양에서는 하류 쪽으로 50킬로미터, 대동강 하구에서는 동쪽으로 15킬로미터 떨어진 대동강 북쪽 제방에 위치한다. 현대적인 시설을 갖추고 있을 뿐만 아니라 20만 톤 규모의 선박까지 수용할 수 있지만, 겨울에는 얼어 버린다.

남포는 2016년 기준 98만여 명의 인구를 보유한 도시로, 항구로서의 기능 이외에도 조선소, 비철금속을 위한 제련소와 유리 제품을 생산하는 기업소 등이 있다.

남포의 서쪽 변두리에 있는 염전지대

#034

1989-07-30

남포의 서쪽 변두리에 광범위하게 펼쳐진 염전은 바닷물로부터 소금을 생산하는 곳이다. 서해갑문(#035 참조)을 건설한
이후로 염수는 서해에서 펌프질을 해서 끌어와야만 한다.

53

서해갑문

1991-10-04

서해갑문은 강의 담수에 염수가 침입하는 것을 막기 위하여 대동강 하구에 설치한 방조제이다. 1981년부터 1986년까지 인민군대에 의해 건설되었는데 8킬로미터 길이의 거대한 댐 구조로 36개의 수문과 3개의 갑실(閘室)을 갖추고 있다. 3개의 갑실은 최대 5만 톤급 선박의 통행을 허용한다. 이 댐의 건설로 대동강 하구는 서해안을 따라 창출된 새로운 간척지를 포함하여 평안남도, 황해남도 그리고 황해북도의 일부 10만 헥타르의 논에 관개수를 공급하는 거대한 담수 저수지가 되었다. 또한 대동강을 가로지르는 댐 위의 도로와 철도는 서해안을 따라 교통 연결을 상당히 개선시켰다. 하지만 한편으로는 대동강 하류 직선 유역의 상당히 많은 농지들이 저수지 아래 수몰되기도 했다.

구월산

2008-09-11

2008-09-11

황해남도 북서부에 위치한 구월산은 954미터로 황해도 일
대에서 가장 높은 산이며 고대 한국의 5대 성산 중 하나이
다. 정상 부근 고지대에는 한때 성채가 들어서 있던 분지
가 존재한다. 그곳에서 흘러나온 물줄기는 총 300미터의
높이로 3단 폭포를 이루며 낙하한다. 오늘날 빽빽하게 숲
이 우거진 구월산은 자연보호구로 보호되고 있다.

황해남도의 시골 도로

2008-09-11

2008-09-11
이 소달구지가 운반하는 자루들 중 하나에 '대한민국'이라는 글씨가 새겨져 있다. 남한의 기근 구호식량 기부로 쌀로 가득 채워져 들어온 자루일 것이다.

황해남도 북서부의 도로는 이따금 트럭이나 소달구지가 덜컹거리는 소리를 내며 지나갈 뿐 매우 소박하고 한적하다.

2008-09-11

남한의 마을들과는 달리 북한의 마을들은 유기적으로 성장하지 못했다. 대부분의 마을이 한국전쟁 동안 파괴되었고, 북한 당국은 규칙적인 격자 안에 주택들을 획일적으로 세워 마을을 재건하였다. 안악(황해남도의 서쪽에 있는 군)의 남쪽 석당리에는 한국전쟁 동안 이곳 서강교에서 발생한 대량 학살을 상기시키는 대형 벽화가 설치되어 있다.

황해북도 봉산 근처의 새 마을

1991-10-06

사리원의 동쪽 봉산(황해북도 서쪽에 위치한 군) 근처에 있는 이 새로운 마을은 매우 현대적으로 보이지만, 주민들에게 그다지 인기가 있지는 않다. 왜냐하면 다층주택들은 수도 배관이 부족해서 모든 물을 양동이로 상층까지 운반해야 하기 때문이다.

1991-10-06

1980년대에 소련의 기술자들이 사리원의 동쪽 봉산 근처에 있는 마동에 비료와 시멘트 공장을 대규모로 건설하였다. 1991년 소련이 붕괴되자, 이 소련 기술자들은 건설 현장을 떠났다. 이 공장은 결국 가동되지 못했고 그사이 완전히 황폐해졌다.

사리원과 서흥 사이 옛 1번 국도

1991-10-06

1번 국도는 서울-개성-평양-베이징을 잇는 옛 '고속도로'를 따라가는 길이다. 그동안 1번 국도와 평행하게 달리는 2차선 고속도로인 통일고속도로가 새로 건설되어 1번 국도의 통행량을 상당 부분 물려받았다.

예성강 변의 금천

1991-10-06

개성의 북쪽 예성강 변에 자리한 금천은 2008년 현재 6만 8200명의 인구를 보유한 작은 도시이며 쌀, 콩, 밀, 인삼, 담배를 생산하는 농업 지역의 중심지 역할을 한다. 북한 철도성의 평부선(원래 평양과 부산을 연결하는 철도 노선. 현재는 평양역과 개성역까지만 운행되고 그 이후 남한의 도라산역 사이는 운행되지 않음)이 운행되고 있다.

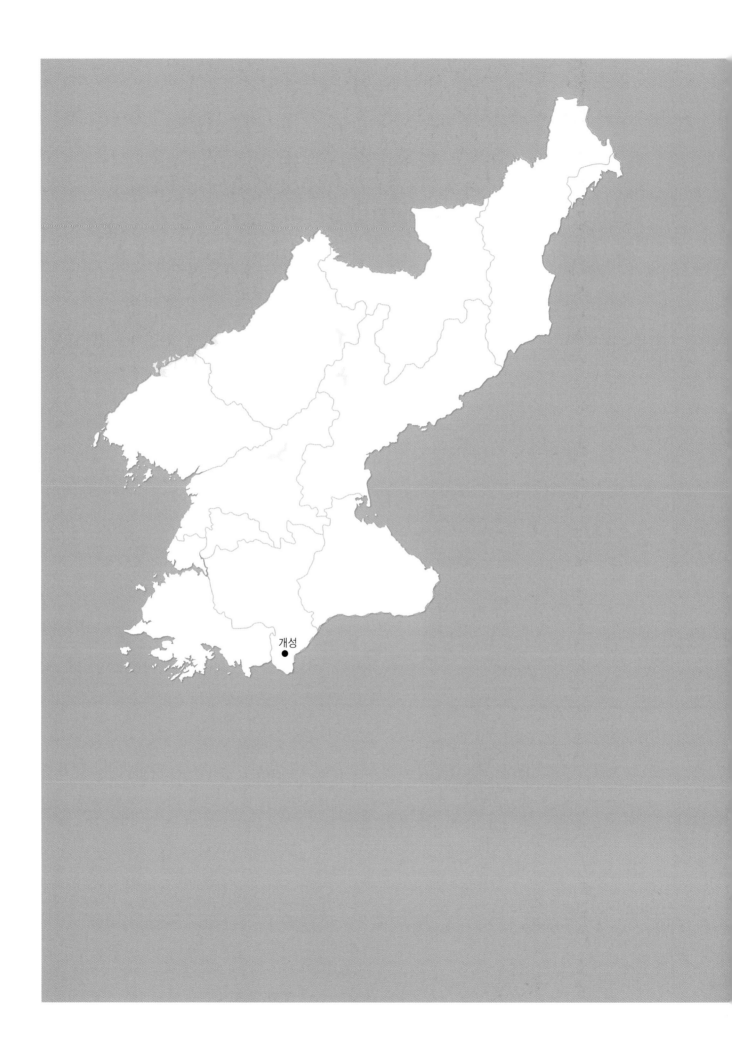

개성

C

개성과 주변 지역

개성시 조망

1991-10-07

원래 송도라고 불렸던 개성은 고려(918~1392)의 수
도로서 번성했던 곳이다. 고려왕조를 무너뜨리고 조
선을 건국한 태조 이성계가 1394년에 수도를 오늘날
의 서울인 한양으로 옮겨 가자 개성은 시골도시가 되
었다. 그럼에도 불구하고 인삼 재배의 중심으로서 어
느 정도의 번영을 누렸다. 그리고 한국전쟁의 정전협
상이 이미 1951년 7월 10일 개성에서 시작되었기 때
문에 공중 폭격을 모면할 수 있었다. 오늘날 개성은
한국에서 전통 한옥이 밀집된 구도심이 유일하게 살
아남은 도시이다. 이것은 도시에 매우 특별한 분위기
를 제공하고 관광객을 끌어모으는 자석 역할을 한다.

개성 남대문

2008-09-11

2008-09-11

개성의 남대문은 개성시가 성벽으로 둘러싸였을 때인 1391년에서 1393년 사이에 건설되었다. 문루에는 1346년에 주조된 연복사(演福寺)의 종이 걸려 있다. 이 종은 1563년에 연복사의 화재 때문에 이곳으로 옮겨졌고, 1900년대 초까지 개성 주민들에게 종을 울려 시간을 알려 주었다.

1991-10-07

1996-08-11

한국전쟁 동안 공습을 면한 덕분에 개성의 중심부는 여전히 한
국의 전통적 도시주택인 한옥으로 이루어져 있다.

1992-08-21

고려 통치자들의 왕궁이 있던 만월대는 송악산 남쪽 기슭에 위치하고 있다. 오늘날에는 왕궁 건물을 받치던 주춧돌들과
세 개의 인상적인 계단만이 남아 있다.

선죽교

1988-09-13 / 선죽교

2008-09-12
표충비

1392년 이성계가 고려 조정에 불복하고 결국 자신의 왕조를 세웠을 때, 고려의 고위 문신인 정몽주는 이성계를 따르기를 거부하고 고려 조정에 충성을 다하였다. 이 때문에 정몽주는 이성계의 측근에 의해 암살되었다. 이 살인은 개성의 동쪽 끝에 있는 작은 개천을 가로지르는 돌다리인 선죽교에서 일어났다.

인근의 표충비 내부에는 정몽주를 충성스러운 공직자의 롤모델로서 기리기 위해 1740년에 영조가, 1872년에 고종이 세운 두 개의 석비가 놓여 있다.

고려 성균관

2008-09-12

개성의 성균관은 고려의 11대 왕 문종에 의해 세워졌으며 1089년에 고려의 가장 중요한 교육기관으로 지정되었다. 1310년 성균관으로 개칭되었고(그 이전에는 주로 국자감, 성균감 등으로 불림), 젊은 귀족들을 문관으로 양성하고 유학을 전수하는 중심지였다. 새로운 조선왕조에 의해 수도가 한양으로 옮겨지자, 1398년 오늘날 성균관대학교의 전신인 새

2008-09-12

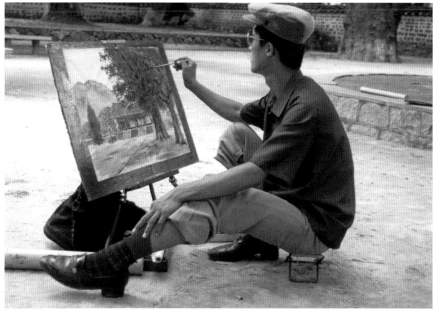

1996-08-11

로운 성균관이 한양에 세워졌다. 개성의 성균관은 임진왜란 기간 중인 1592년에 불타 버렸다가 1602년부터 유교 교육 기관으로 다시 지어졌다. 1987년 이래 고려 성균관에는 고려박물관이 들어서 있다. 유명한 비취색 고려청자를 위한 특별 공간에는 매우 값진 명작들을 전시하고, 그 창작과정을 모형을 통해 설명한다.

개성민속여관

1988-09-13

2008-09-11

개성 구시가지 중심부에는 작은 개천을 따라 줄지어 19개의 중정형(中庭形) 한옥을 복원해 놓았고, 관광호텔로 사용하기 위해서 내부도 한국 전통 가구로 새롭게 단장하였다. 개성민속여관이라고 불리는 이 호텔은 1989년에 세워졌으며 50개의 객실과 주로 외국인 관광객을 위한 전통 음식점을 갖추고 있다. 이곳에서 관광객들은 고가구들 사이에서 한국의 전통적인 방식으로 잠을 자게 되는데 이는 외국인들에게 매우 특별한 경험을 선사한다.

2008-09-11 / 황해북도 개풍군 해선리

1990-08-04

개성은 고려의 수도였기 때문에 고려 통치자들의 무덤은 대부분 개성 근방에 위치해 있다. 가장 인상 깊고 가장 잘 보존된 왕실 무덤 중 하나는 고려의 33대 공민왕(1351~1374년 통치)과 그의 아내인 몽골 노국공주의 무덤이다. 이 무덤은 지관들이 신중하게 고른 터로, 풍수 원리를 거의 완벽하게 반영하는 경관 속에 자리 잡고 있다.

2008-09-12

한국전쟁에 대한 정전 관련 회담이 1951년 7월 10일 개성에서 시작되었다. 북한 측에서 이 개성 회담장이 유엔사령부에 의해 폭격을 당했다고 주장하면서 회담은 수개월 동안 중단되었다. 회담은 1951년 10월 25일 다시 시작되었는데, 이번에는 접촉선에 가까운 판문점 옆의 천막에서 진행되었다. 나중에 이 천막은 작은 목조 건물로 대체되었다. 협상은 이곳에서 1953년 7월 19일 타결에 이르기까지 힘들게 지속되었고, 그동안 전쟁은 계속되었다.

판문점 정전협정조인장

1988-09-13

2008-09-12

정전협상대표단이 1953년 7월 19일 의제에 관한 모든 쟁점에서 합의에 이른 후, 정전협정 체결일은 1953년 7월 27일 오전 10시로 정해졌다. 조인식을 위해 북한 군인들은 48시간 만에 회담장 앞에 한국식의 홀을 세웠다. 홀 내부에는 파블로 피카소의 〈평화의 비둘기〉 복사본이 걸려 있었다. 미국 측에서 이 그림을 공산주의의 상징으로 반대했기 때문에 당시에는 가릴 수밖에 없었다. 오늘날 이 그림은 건물의 박공을 장식하고 있다. 홀 안에는 조인식을 위해 사용된 3개의 탁자가 전시되어 있다. 오른편에는 미군 중장 윌리엄 해리슨이 유엔사령부를 위해 서명한 탁자, 왼편에는 북한군 장군 남일이 조선인민군과 중국 의용군을 위해 서명한 탁자가 있다. 중앙의 보다 작은 탁자는 서류를 교환하는 데 사용되었다. 현재 이 건물은 조선민주주의인민공화국 평화박물관으로 불린다. 이곳에는 1976년 판문점 도끼만행사건에서 두 명의 미군 장교를 살해하는 데 사용한 도끼 또한 전시 중이다.

판문점 공동경비구역

2008-09-12

정전협정에 서명한 후, 1953년 9월에 북한과 유엔사령부 또는 남한과의 만남을 위한 새로운 부지 건설이 시작되었다. 공동경비구역(JSA, Joint Security Area)이라고 불리는 이 지역은 비무장지대(DMZ) 내의 중립 지역이다. 몇 개의 막사가 군사분계선 바로 위에 배치되어 있는데, 하나는 군사정전위원회(MAC, Military Armistice Commission) 회의실이고 또 하나는 중립국감독위원회(NNSC, Neutral Nations Supervisory Commission) 회의실이다. 판문점 도끼만행사건 이후 군사분계선에는 낮은 콘크리트 턱이 설치되었고 공동경비구역 내에서 자유로운 이동이 금지되었다.

1988-09-13 / 군사정전위원회 회의실 내의 관광객들. 탁자 위의 마이크 선은 군사분계선을 표시한다.

1991-10-07 / 중립국감독위원회 위원들(체코-폴란드-스위스-스웨덴)

2008-09-12

박연폭포는 개성 북쪽에 위치한 천마산 북사면에 있는 높이 37미터의 폭포다. 이 폭포는 송도삼절(松都三絶) 중 하나로 꼽히는데, 나머지 둘은 16세기의 유명한 철학자 서경덕과 여류 시인 황진이다.

2008-09-12

박연폭포의 바로 북쪽에 위치한 멋진 마을이다.

대흥산성과 관음사

1988-09-14 / 대흥산성 북문

1992-08-22 / 관음사

1988-09-14 / 천마산

대흥산성은 고려시대에 개성의 북쪽에 건설되었다. 길이 10.1킬로미터, 높이 4~5미터의 성벽으로 둘러싸인 대흥산성은 박연폭포 뒤쪽의 두 산 천마산과 성거산을 품고 있다. 4개의 대문과 2개의 소문 중에 현재 북문 위의 문루만 남아 있다. 산성 안에는 970년에 세워지고 1393년에 증축된 관음사가 있다. 현재의 관음사 건물은 1646년에 지어진 것으로, 조선시대 사찰 건축의 훌륭한 사례로 꼽힌다.

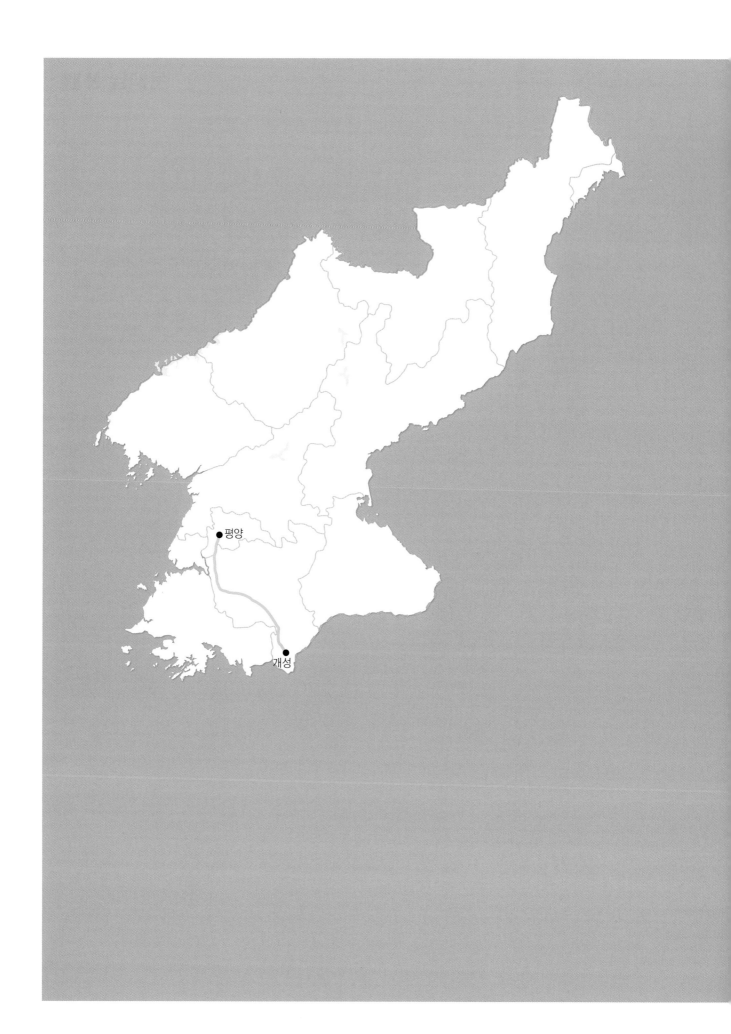

D

고속도로로
개성에서 평양까지

평양-개성 간 고속도로의 건설

1989-03-19

총길이 171킬로미터의 평양-개성 간 고속도로는 1987년에 건설되기 시작하였다. 대부분의 작업은 기계를 거의 쓰지 않고 군인들(조선인민군)에 의해 수작업으로 이루어졌다. 2차선으로 매우 직선적인 형태이며 터널과 교량을 많이 가지고 있다. 김일성의 80세 생일인 1992년 4월 15일에 개통되었으며, 이후 판문점의 비무장지대 북쪽 진입부까지 연장되어 '통일고속도로'로 개명되었다. 아시안 하이웨이 1번 노선(AH1)의 일부이기도 한 이 도로는 현재로서는 남한과의 경계를 가로지르는 것이 불가능하지만 도로 표지판을 통해 서울까지의 거리를 보여 준다.

2008-09-12

1992-08-22

평양–개성 고속도로에는 교통량이 거의 없다. 북한에서는 도시 간 버스 운행이 예정되어 있지 않기 때문에 짐칸에 승객을 가득 태운 평상형 트럭과 마주치는 경우가 종종 있다.

2008-09-12

평양-개성 고속도로가 금천(#042 참조)을 지나는 동안 예성강 변에 늘어선 새 아파트들이 수면에 그 모습을 드리우고
있다.

평산과 서흥 사이의 마을

1991-10-08

언덕과 평야 사이의 전형적인 위치에 자리 잡고 있는 고속도로 근처의 마을. 여기서 보이는 표준화된 주택의 지붕은 현지에서 나는 천연 슬레이트로 덮여 있다.

서흥휴게소에서 본 평양-개성 고속도로(통일고속도로)

2008-09-11

평양-개성 고속도로 위 서흥휴게소에서 동쪽을 본 모습으로 교통량이 거의 없다.

2008-09-12

이미 옛 1번 국도에는 서흥강을 가로지르는 곳에 중간 휴게소가 있었다. 그 부근 새 평양—개성 고속도로에는 대단히 현대적인 휴게소가 만들어졌다. 서흥휴게소라고 불리는 이곳은 고속도로 위에 다리처럼 건설되어 있다. 이곳에 정차하는 운전자들은 일반적으로 지정된 주차장 대신에 휴게소의 그늘진 고속도로에 주차를 한다. 이는 적은 교통량을 고려한다면 문제가 없다.

평양 입구의 통일 아치

2008-09-09

공식적으로 '조국통일 3대헌장 기념탑'이라 불리는 통일 아치는 평양 초입의 통일고속도로(평양–개성 고속도로) 위에 걸쳐 있다. 이것은 김일성에 의해 제시된 한국 통일의 제안(김일성의 통일 유훈)을 기념하기 위한 것으로 2001년 8월에 공개되었다.

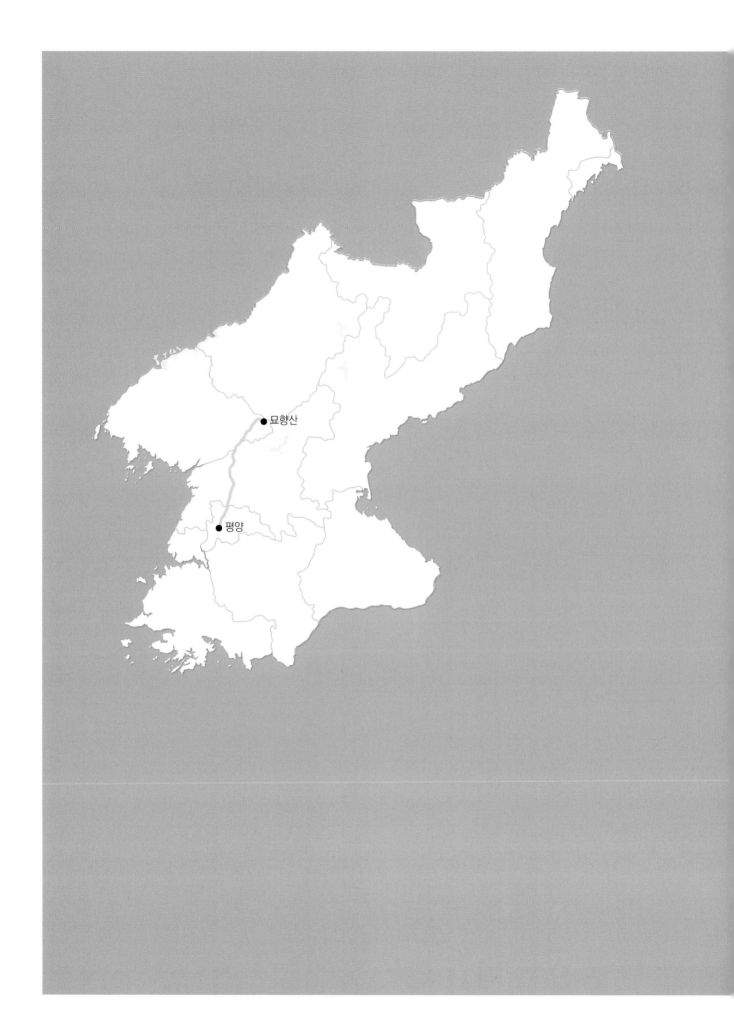

E

도로를 따라
평양에서 묘향산까지

1991-10-01
평성의 새 아파트

1991-10-01 / 도시 주변 논에 생기를 불어넣는 객토 작업

평양에서 북동쪽으로 약 30킬로미터 떨어진 인구 약 28만 4400명(2008)의 도시 평성은 1969년 평안남도의 도청 소재지가 되면서 시로 승격되었다. 평성이과대학은 원자력에너지연구소를 운영하는데 이 연구소의 연구원들은 북한의 핵개발 프로그램에 공헌하고 있다(현재 평성이과대학은 과학자 우대정책에 따라 평양시 은정구역에 편입됨).

평양–향산 간 고속도로의 건설 이전에 묘향산을 여행하려면, 평양에서 평성과 순천을 지나 좁은 시골 도로로 개천까지 간 다음 그곳에서부터 청천강의 좌안을 따라 묘향산 입구인 향산까지 가는 내내 65번 국도를 타야 했다.

순천과 개천 사이의 마을

1988-09-15

1991-10-01

순천과 개천 사이의 도로는 채소와 과수를 심은 건조한 밭이 논과 번갈아 나타나는 구릉성 농경지를 통과한다. 새로 건설된 마을들이 길을 따라 늘어서 있다.

개천

1991-10-01

인구 약 31만 9600명(2008)의 도시인 개천은 청천강 하류 계곡에 위치한 교통의 허브(특히 철도교통)이다. 주요 산업은 석탄 채굴과 기계 가공, 금속 가공이다. 개천 인근에는 두 개의 대형 수용소가 존재하는데 모두 매우 열악한 환경으로 알려져 있다. 도시의 바로 외곽에 개천 제1호 교화소가 있고, 도시에서 남동쪽으로 약 20킬로미터 떨어진 곳에 정치범 수용소인 개천 제14호 관리소가 있다.

1991-10-01

청천강 계곡의 석탄 채굴

1988-09-15 / 구장군

1988-09-15
구장군

개천과 구장 사이의 청천강 계곡은 북한에서 가장 중요한 탄전인 청천강 석탄분지의 중심이다. 청천강의 동편 계곡 쪽에 위치한 광산들에서 생산된 무연탄은 분기 터미널 선로를 통해 청천강과 평행하게 달리는 간선 철도 노선까지 운반된다. 대부분의 분기 선로가 전기화되었지만 총체적인 전력 부족 때문에 석탄을 실은 열차는 종종 증기기관차의 견인으로 운행된다. 증기기관차들은 기차를 끌기 위해 구장에 있는 조차장에 모여 있다. 이곳 석탄 광산의 대부분은 이미 일제 강점기에 개발되었으며 그중 상당수는 현대화가 시급한 상황이다.

도로에서

1990-08-05
청천강 변 도로에서 재현되는 '천리
길 행진'

1992-08-25 / 개천에서 순천까지 가는 도로에서의 교통 체증

개천에서 강계(자강도 소재)까지의 65번 국도는 김일성의 '천리길 행진'(김일성이 자신의 학업을 위해 1923년 겨울에 만주에서 북한으로 돌아온 여정, #023 참조)의 일부였기 때문에 지방의 학교들은 흰 돌로 열을 맞춰 도로를 장식한다. 조선소년단 같은 청년조직들은 단원들의 혁명의식을 강화하기 위하여 종종 그 길을 따라 '천리길 행진'을 재현하곤 한다.

묘향산 앞의 청천강

1988-09-15

구장을 지나면 숲이 우거진 묘향산의 능선이 보이기 시작한다.

향산 – 묘향산의 관문

1991-10-01

향산의 중심부는 한국 전통의 팔작지붕으로 장식된 2~3층짜리 주택지구로, 1980년대에 새로 건설되었다. 중심 도로가 강과 만나는 곳에는 동일한 형식의 3층짜리 호텔이 세워졌다. 청천여관이라는 이름을 가진 이 호텔에는 33개(지금은 63개)의 객실이 있다. 이 호텔과 만포선 철도역이 있는 향산은 묘향산의 관문 역할을 한다.

묘향산

F

묘향산

묘향산

1996-08-12 / 풍성한 식생 이외에도, 가장 큰 사찰인 보현사를 비롯해 수많은 암자가 있는 풍부한 불교 문화유산, 국제친선전람관과 잘 정비된 등산로는 묘향산을 북한의 최고 관광지로 만든다.

묘향산은 평안남도와 평안북도 그리고 자강도 사이에 경계를 이루는 북한 북서부의 산맥이다. 최고봉은 비로봉(1909미터)이다. 이 산맥은 저지 참나무대(200~600미터)에서부터 고지 참나무대(600~1250미터) 및 단풍나무대(1250~1400미터)를 거쳐 침엽수림대(1400미터 이상)까지 뻗어 있는 울창한 삼림 식생으로 유명하다. 하층 식생대에서는 참나무 외에도 느릅나무, 보리수, 돌배나무, 만주벚나무, 물푸레나무 등이 숲에 다양성을 더한다. 아름다운 꽃이 피는 관목과 덩굴식물은 덤불을 형성하고 있다. 상층 침엽수림대에서는 잣나무, 가문비나무, 분비나무가 우세하다. 이곳의 덤불은 진달래, 라일락, 인동, 분꽃나무로 이루어져 있다. 그 윗사면에서는 키가 작은 눈잣나무, 눈측백, 팥배나무, 솜다리 등이 자란다.

2008-09-13

2008-09-13

묘향산 입구는 피라미드 모양의 향산호텔이 압도적인 경관을 차지하고 있다. 1986년에 문을 연 이 호텔은 유리 엘리베이터와 꼭대기에 회전식 레스토랑을 갖추었으며 15층에 190개(2010년 228개)의 객실을 보유하고 있다. 북한에 있는 대부분의 호텔처럼 규모가 과도하게 크고 이용객이 적어서 관광객들로 하여금 대리석 벽과 거울 사이에서 길을 잃어버린 느낌이 들게 한다.

국제친선전람관

2008-09-13

1989-03-04

국제친선전람관은 육중한 녹색 지붕을 얹은 한국 궁궐 양식의 거대한 6층 건물로 1978년에 문을 열었다. 오늘날 이 건물은 더 이상 전시실로 사용되지 않으며 인접한 산의 내부로 깊숙이 확장된 200개가량의 방과 복도의 입구로만 이용된다. 이곳에는 김일성과 김정일이 외국 인사들로부터 받은 선물들이 대륙별 그리고 나라별로 전시되어 있다. 2010년 현재 총 179개국에서 김일성에게 7만 점, 김정일에게 4만 점이 넘는 선물을 보내왔다고 기록되어 있다. 선물 자체는 매우 비싸고 사려가 느껴지는 것에서부터 아주 싸고 조잡한 것에 이르기까지 다양하며 예술과 키치가 매우 기묘하게 섞여 있다. 서양 관광객이 가장 좋아하는 선물은 니카라과의 산디니스타 반군이 준 선물로, 목제 쟁반과 컵을 들고 빙그레 웃으며 서 있는 박제 악어다. 독일 방문객은 동독의 공산당 서기장이었던 에리히 호네커(Erich Honecker)가 김일성에게 선물한 동독 청년단 유니폼을 입은 테디베어 인형이나 '서독 노동자계급의 김일성 추종자'로부터 선물받은 10마르크짜리 지폐(당시 가장 작은 독일 은행권)를 담은 액자에 관심을 둔다.

2008-09-13 / 재건된 대웅전

2008-09-13
종각

968년 고려왕조하에서 세워진 보현사는 현재 북한 불교의 최고 중심지 중 하나이자 유명 순례지가 되었다. 사찰의 본당인 대웅전은 한국전쟁 동안 미군의 폭격에 의해 파괴되었다가 1765년 당시의 건물을 충실하게 재현하여 1976년에 재건되었다. 재건된 대웅전 앞에는 14세기에 세워진 13층짜리 석가탑이 남아 있다.

1988-09-15 / 장경각

1990-08-05
서산대사를 위한 비석

원래 장경각이라고 하는 보현사의 대장경 보관소는 한국전쟁 중에 파괴되었다. 현재의 장격각은 전통 한국 사찰 양식의 콘크리트 건물로 대체된 것이다. 여기에는 불교 경전 전체를 수집한 팔만대장경의 사본이 보관되어 있다. 이 사본을 만든 목판은 남한의 합천 해인사에서 보관하고 있다. 한편, 보현사는 임진왜란 동안 서산대사가 이끄는 승병의 거점이었다. 사찰 구역의 북동쪽 모퉁이 수충사(酬忠祠) 구내에는 지금도 서산대사를 기리는 비석이 보존되어 있다.

1991-10-02

2008-09-13

묘향산은 칠성동, 만폭동, 상원동 계곡에서 올라와 능선을 따라 비로봉까지 이어지는 55킬로미터의 등산로를 제공한다. 이들 잘 정비된 등산로를 따라 수많은 폭포와 정자, 암자들이 관광객들을 위한 명소를 이루고 있다. 대부분의 북한 산악에서 볼 수 있듯이, 여기서도 거대한 바위에 조각된 붉은 페인트의 글씨들이 '위대한 지도자'를 칭송한다. 그러나 단 한 곳에서만 북한의 혁명 전설에 따라 김일성의 아버지가 젊은 김일성에게 들려준 좌우명 '지원(志遠)'이 한자로 각인되어 있는 바위를 볼 수 있다.

상원암

2008-09-13

1991-10-02
상원암에서 쉬고 있는 학생들

상원동 계곡 위쪽에는 보현사와 연관된 가장 큰 암자인 상원암이 자리하고 있다. 오늘날의 상원암 건물은 1580년에 지어진 것(1794년과 1906년에 복원됨)으로 본전, 칠성각, 산신각과 함께 내부에 '부처의 젖'이라 불리는 맑은 샘이 있는 육각형의 수각(水閣)이 남아 있다.

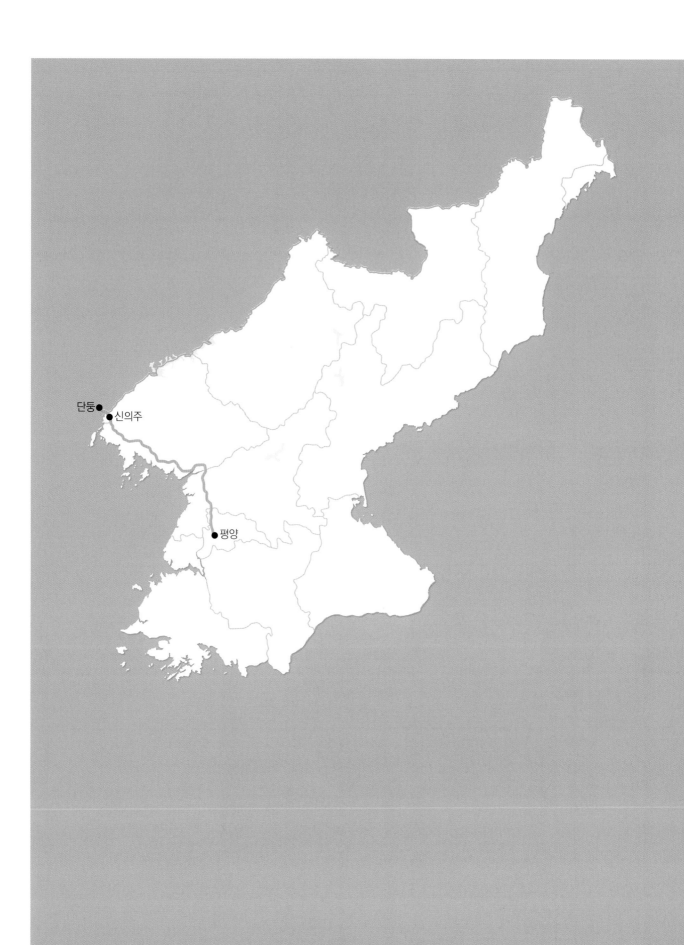

G

기차로
평양에서 신의주/단둥까지

평양역

2008-09-21 / 평양역

2008-09-22 / 베이징행 침대칸 객차

서울에서 개성과 평양을 경유하여 중국과의 국경인 신의주까지를 잇는 철도는 러일전쟁(1904~1905) 당시 만주에서 러시아에 대한 일본군의 군사 작전을 지원할 목적으로 일본군에 의해 건설되었다. 노선은 일반적으로 중국과 조선의 사신이 서울과 베이징을 오가던 빠른 통로의 일부였던 의주로의 경로를 따랐다. 1905년 11월 5일에 서울과 신의주 간의 철도 화물 운송이 시작되었다. 그리고 1906년 4월 3일 경성(서울)에서 신의주까지 운행하는 경의선으로 공식 개통되었다. 같은 해 9월 1일에는 관리권이 일제 통감부 소속 철도관리국으로 이관되었고 이후 경부선(서울-부산)과 연결되었다.

한국전쟁 후 북한이 철도를 재조직화함에 따라 경의선의 일부인 평양-신의주 구간은 평의선이 되었다. 그 길이는 225.7 킬로미터이고, 완전히 전기화되었지만 복선화는 평양과 순안 사이만 진행되었다.

2019년 현재 북한의 국제열차 51/52번은 일주일에 두 번 운행한다. 10시 40분에 평양을 떠나서 17시 13분에 신의주에 도착하는데, 그곳에서부터는 야간열차로서 두 개의 침대칸 객차를 연결하여 다음 날 7시 41분에 베이징에 도착한다. 평양에서 신의주까지 평균 시속 35킬로미터 미만으로 달리는 열차는 승객들에게 경치를 즐길 수 있는 기회를 제공한다.

숙천

2008-09-22 / 평안남도 숙천군 숙천읍

2008-09-22
숙천역

평양과 신안주 사이의 철도는 평안남도 북부의 산지를 통과하는데, 여기에는 숙천과 같은 작은 농촌 중심지와 마을들이 산재해 있다. 철도가 가로지르는 강에서는 사금을 채취하기 위해 하천 퇴적물을 채로 거르는 준설기를 볼 수 있다.

신안주

2008-09-22 / 평안남도 안주시 신안주청년역

미 공군이 실시한 폭격 평가에 따르면, 신안주는 한국전쟁에서 가장 심하게 파괴된 도시였다. 도시 바로 북쪽에 있는 청천강 하구의 철교를 무너뜨리려는 미국의 거듭된 폭격으로 신안주의 100%가 파괴되었다. 현재 청천강과 대령강 두 강이 합수하는 하구 위를 지나는 철교는 북한에서 가장 긴 다리다(각각 1200미터와 945미터).

청천강철교의 바로 북쪽에서는 본선과 남흥청년화학연합기업소를 연결하는 짧은 철도 노선(남흥선)이 동쪽으로 분기한다. 이 복합단지는 1976년에 프랑스, 일본, 서독의 장비로 안주의 맞은편 청천강 계곡에 건설되었으며 처음에는 나프타 가스화로 암모니아, 아크릴 및 폴리카보네이트 섬유, 요소비료 등을 생산했다. 2010년에 새로운 무연탄 가스화 플랜트가 추가되었다. 그 생산물은 비료 생산에 사용되고 있다.

1989-07-31 / 평안북도 운전군

1989-07-31
평안북도 운전군

평안북도에 들어선 철도는 평안북도의 해안 및 하구들 주변 평야에 펼쳐진 광활한 논농사지대를 통과한다. 이들 논에 광역의 압록강 관개 시스템에 의해 물이 공급되고, 이것은 강수에 관계없이 높은 수확을 보장한다. 압록강 관개 시스템은 8개 군의 130개 협동농장과 국영농장 농지 약 9만 헥타르에 용수를 공급한다. 물은 동쪽 산악지대의 저수지 여러 곳(특히 만풍호와 매봉저수지)에 저장되며, 신의주의 남서쪽 양수장에서는 압록강으로부터 물을 퍼 올려 공급한다. 광범위한 수로망이 서해안을 따라 간척된 새로운 논까지 관개수를 분배한다.

선천

2008-09-22
평안북도 선천군 선천읍

1989-07-31
평안북도 선천군 선천읍

선천은 평안북도 서부에 있는 군으로 구릉과 해안평야로 이루어져 있다. 지역경제는 축산업, 양잠업, 어업을 비롯해 농업(쌀·옥수수·콩·담배)에 의존한다. 선천의 작은 공장들은 철물, 세라믹, 담배를 생산한다.

동림

1989-07-31 / 평안북도 동림군 동림읍

1989-07-31
기계제작공장

동림은 평안북도 서쪽에 있는 군으로, 전체적으로 낮고 완만한 구릉성 산지와 분지로 형성되어 있다. 군 면적의 약 60%는 삼림으로 덮여 있으며 26% 정도만이 경지로 이용된다. 계곡과 분지에 있는 논에는 관개가 이루어진다. 동림에는 펌프를 생산하는 공장을 비롯해 몇몇 기계제작공장이 들어서 있다.

신의주

1996-08-09

2008-09-22

압록강 하구 남안에 위치한 신의주는 일본인들이 옛 의주에서 약 16킬로미터 하류에 건설한 도시이다. 옛 만주 단둥마을 바로 맞은편에 압록강을 가로지르는 철교의 종착지로서 선택된 후 식민지시대의 주요 취락으로 발전했다. 신의주는 개항장으로서 목재 운반에 압록강을 이용하는 벌목, 제지산업과 함께 상업적으로 성장하였다. 또 수풍댐(#186 참조)이 보다 상류 쪽에 건설되면서 전기의 공급이 충분해져 화학산업이 발달하였다. 오늘날 신의주의 경제는 화학산업(나무와 갈대에서 나오는 레이온), 섬유산업(울 함유량이 높은 소모사와 직물), 남신의주에 있는 신의주화장품공장과 같은 경공업이 주를 이룬다. 합법적이든 불법적이든 북한 대외무역의 상당 부분은 신의주와 단둥을 통해 압록강을 건넌다.

1992-08-19
평안북도 신의주시

1992-08-27
평안북도 신의주시

신의주청년역은 일반적으로 국철이라 불리는 북한 철도성 평의선의 북쪽 종착역으로, 보통 말하는 북한과 중국 간 육로 교통의 주요 수혜자다. 국경을 넘는 여행자에 대한 국경 통제는 객차 내에서 이루어진다. 일반적으로 압록강철교(조중 우의교)를 통과하여 단둥으로 가는 객차가 베이징행 국제열차에 연결되기까지는 2시간 이상이 소요된다.

압록강을 가로지르는 조중우의교

1996-08-09

신의주와 중국 단둥 사이의 압록강을 가로지르는 최초의 철도 교량은 일본에 의해 건설되었으며 1911년 11월에 개통되었다. 이 철교는 강바닥의 석재 교각에 의해 지지되는 12개의 트러스 구조로 이루어졌다. 경간(교각과 교각 사이) 중 하나는 선박이 통과할 수 있도록 회전하며 열렸다. 나중에 이 옛 교량에서 상류 100미터 지점에 현대적인 철교가 새로 세워져 1943년에 개통되었다. 1950년 10월부터 1951년 2월까지 미 공군은 북한으로 유입되는 중국군과 보급품을 차단하기 위하여 이들 다리에 대한 공습을 수차례 감행하였다. 그리고 중국은 이 다리들을 계속해서 수리했다. 1911년에 세워진 옛 다리는 비록 잔해만 남았지만, 1943년의 새 다리는 재차 수리되어 1953년 전쟁이 끝날 때 다시 사용되었다. 1990년 '조중우의교'라고 개명된 새 다리는 현재 철도와 도로의 복합적 교량으로서 역할을 하고 있다. 4개의 경간만 중국 측에 남아 있는 옛 다리는 '압록강단교(鴨綠江斷橋)'라고 알려져 있는데 중국 단둥에서 접근할 수 있는 관광명소이자 역사적 장소가 되고 있다.

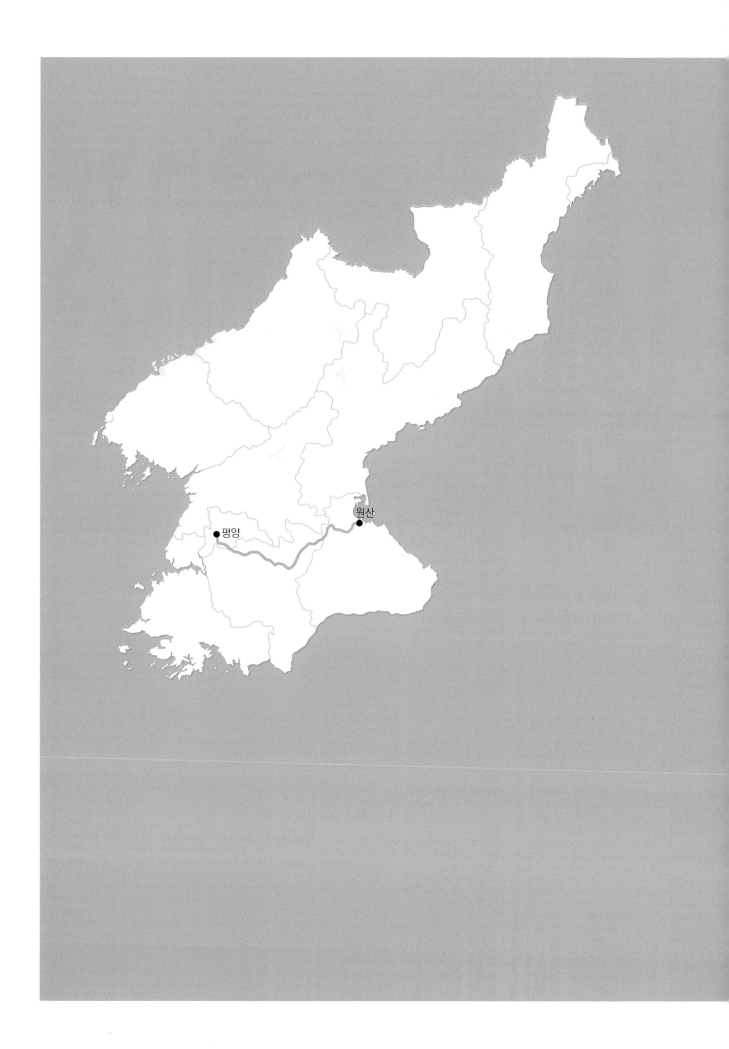

H

고속도로로
평양에서 원산까지

평양-원산 고속도로

1991-09-23 / 평양시 상원군

1988-09-10
황해북도 신평군

평양과 원산을 연결하는 고속도로는 172킬로미터(2015년 209킬로미터) 길이의 분리대가 없는 편도 2차선 고속도로이다. 1978년에 개통되었는데 도로의 폭이 다양하고 콘크리트 표면이 고르지 않다. 서쪽의 평원에서는 몇몇 구간의 폭이 매우 넓어서 비상 활주로로 사용될 수 있는 반면에 동부 산지의 터널에서는 종종 2차선으로 좁아진다.

동명왕릉

1988-09-12
1988년 동명왕릉
평양시 역포구역 용산리

2008-09-09
2008년 복원 후 동명왕릉

고구려 제20대 장수왕은 427년 수도를 국내성(#184 참조)에서 평양으로 옮기면서 건국 시조 동명왕(기원전 37~기원전 19년 통치)의 유해를 가져와 오늘날 도심으로부터 25킬로미터 떨어진 한 장소에 재매장했다. 이 지역의 고구려 무덤들은 식민 통치 기간에 일본 고고학자들에 의해 발굴되었는데 그들은 묘실에서 놀라운 벽화들을 발견했다. 그러나 어느 것이 동명왕의 무덤인지는 알 수 없었다. 동명왕의 무덤을 찾아내라는 명령을 받은 북한 고고학자들은 1974년에 진파리 10호분으로 명명했던 무덤을 제시했다. 그래서 동명왕릉은 적절히 '복원'되고 관광명소가 되었다. 1980년대 말 이 무덤은 흰색 대리석 무덤으로 만들기 위해 원래의 건물, 구조물 및 기념물이 모두 제거되는, 완전한 '복원'을 겪었다. 내 견해로는 이 복원은 이곳의 오래되고 엄숙한 분위기를 파괴하는 것이었다. 그럼에도 불구하고 2004년 동명왕릉은 30개에 이르는 고구려 후기의 고분들과 함께 유네스코 세계유산으로 등재되었다.

2008-09-07 / 황해북도 수안군

수안 부근에는 화강암 관입과 석회암 사이의 접촉으로 생성된 금 매장지가 상당수 있다. 1905년 11월에 조선은 수안광산에 대한 채광권을 영국의 신디케이트인 The Korean Syndicate에 부여하였다. 영국 신디케이트는 일정 금액의 개발작업을 수행한 후, 1907년 11월에 미국과의 합작회사인 한성광업회사에 광업권을 임대하였다. 1909년에 한성광업회사는 수안에 최초로 20대의 쇄광기를 도입하였다. 수안광산은 급속히 발전하여 1911년 가을에는 쇄광기가 40대로 증가하였다. 그리고 1915년에는 한국에서 이런 종류로는 선구자 격인 제련소가 가동되었다. 1915년에 수안광산은 10만 8000톤의 광석을 생산하였는데, 이는 180만 엔의 가치에 달했다. 이 중 140만 엔의 가치가 금이었다. 1939년에 광산의 소유가 일본인 수중으로 넘어갔다. 광산은 여전히 가동 중이며, 금과 함께 부산물로 은과 구리를 생산하고 있다. 그러나 생산물의 양은 알려져 있지 않다.

곡산 근처의 마을

1991-09-25
황해북도 곡산군 송항리
마을은 그사이 사라져 버렸다.

1996-08-15 / 황해북도 신평군

협동농장의 농부들에게는 개인적으로 텃밭을 가꾸는 것이 허용된다. 놀랍게도 그들은 그 작은 땅에서 채소들을 신중하게 조합하고 빠르게 교체함으로써 높은 생산성을 달성한다. 이와는 대조적으로, 협동농장에서는 수확량이 상당히 낮다. 1990년대의 기근 동안에는 사람들이 농작물을 훔치는 것을 막기 위해 옥수수밭조차 병사의 보호를 받아야 했다. 옥수수밭 곳곳에 설치된 감시초소들은 이러한 상황을 보여 주는 슬픈 흔적이다.

신평휴게소

1991-09-23 / 황해북도 신평군

1990-07-28
휴게소의 명물 황구렁이술

고속도로가 동부의 산악지대로 진입해 몇 개의 터널(#087 참조)이 있는 남강의 만곡부를 차단하기 직전, 남강의 저수지인 신평호의 중간쯤에 있는 신평휴게소에서 자동차 운전자들은 휴식을 취한다. 이 휴게소의 명물은 황구렁이술이다.

새 신평휴게소

2008-09-09 / 황해북도 신평군

2008-09-09

그사이 신평호에는 고속도로와 조금 더 가까운 곳에 가스 충전소를 갖춘 새로운 휴게소가 세워져 있었다.

아호비령산맥의 마을

2008-09-07 / 황해북도 신평군 도음리

아호비령산맥의 협동마을 도음리에서는 전형적인 산지작물, 특히 옥수수가 주로 재배된다. 오른쪽의 높은 건물들은 협동농장 관리사무소와 문화회관 등으로 마을의 행정 중심지를 형성한다.

700능선에서의 조망

2008-09-07

2008-09-07

황해북도와 강원도의 경계를 이루는 아호비령산맥을 터널로 통과하면 고속도로가 '700능선'에 도달한다. 정자가 있는 주차 공간에서는 숲이 울창한 아호비령산맥의 아름다운 능선을 조망할 수 있다.

울림폭포

2008-09-07 / 울림폭포(강원도 천내군 동흥리)

2008-09-07
울림폭포 찻집

마전에서 고속도로를 벗어나 천내를 향해 북쪽으로 10킬로미터 정도를, 처음에는 아호비령산맥과 마식령산맥 사이를
흐르는 임진강 상류를 따라가다 낮은 고개를 지나면 2001년에 재발견되고 관광명소로 지정된 울림폭포에 도달한다.

마식령산맥 뒤돌아보기

2008-09-09 / 황해북도 신평군 도음리

평양-원산 고속도로는 '무지개동굴'이라 불리는 4.2킬로미터의
긴 터널로 마식령산맥을 가로지른다. 이후 고속도로는 짧은 하
천 계곡을 따라 원산의 좁은 해안평야까지 내려간다. 뒤돌아보면
800~1000미터 높이의 마식령산맥이 넘을 수 없는 벽처럼 보인다.

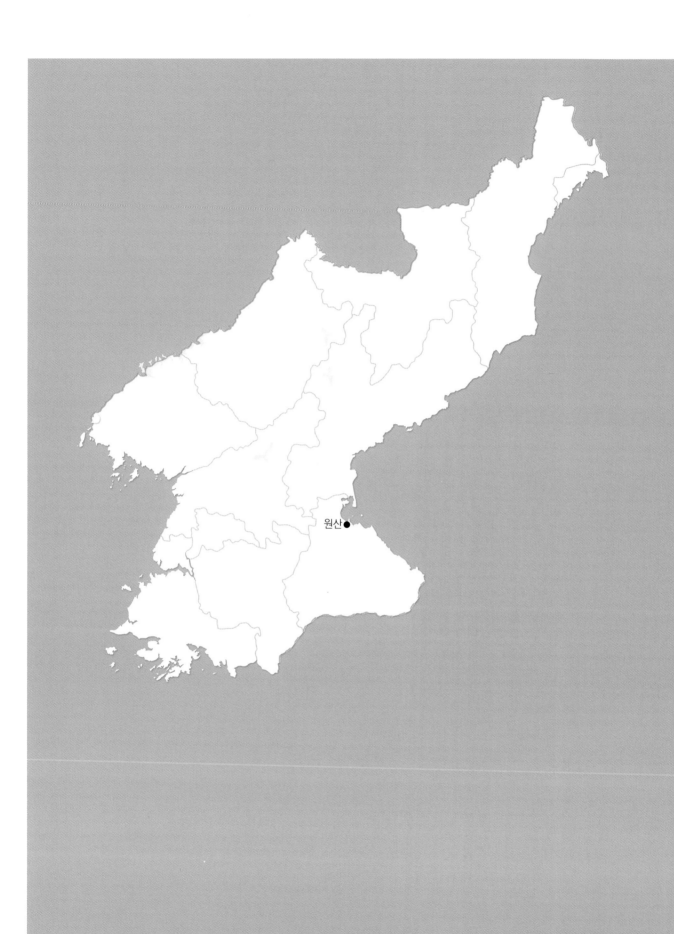
원산●

I

원산과 그 주변

원산

조선에 대외무역의 개방이 강요된 지 4년 후인 1880년에 원산은 동해안에서 최초로 조약에 의해 강제 개항된 항구가 되었다. 추가령구조곡을 통한 경성(서울)과의 연결성이 좋았기 때문에(서울에서 원산을 오가는 철도가 1914년 처음 개통됨), 원산은 빠르게 주요 항구와 해군기지로 발전하였다. 일본의 지배하에서는 어류가공공장, 정유공장, 조선소 등이 들어서면서 산업화되었고, 한국과 일본 본토 사이의 무역에서 수입 유통 지점으로서 역할을 했다. 한국전쟁 중에는 1951년 2월부터 1953년 7월까지 지속된 원산 봉쇄로 인해 극심한 폭격과 포격을 당해서 거대한 껍질만 남았다. 전쟁 후 도시는 재건되었지만 교통 중심지로서의 중요성을 과거만큼 회복할 수는 없었다. 왜냐하면 서울과의 연결성이 비무장지대

1990-07-30 / 원산과 일본 니가타를 운행하는 화객선 만경봉호. 1992년 만경봉호는 만경봉92호로 대체되었는데, 만경봉92호는 일본이 북한 선박을 자국 수역에서 추방한 2006년까지 이 노선을 운영했다.

2008-09-08

에 의해 단절되었기 때문이다.

오늘날 원산은 32만 9200명(2013)의 인구를 가진 완전히 새로운 도시로, 북한에서 강원도 지역의 수도로서 역할을 한다. 북한과 일본 사이에 유일한 직통 연락선이었던 니가타행 화객선은 2006년에 중단되었다. 2014년 원산은 10개의 모래 해변, 4곳의 미네랄 온천, 1개의 골프장 그리고 2016년에 개장한 마식령스키장을 포함하여 관광특구로 지정되었다. 또 외국인 관광객 유치를 위해 원산 갈마비행장을 대폭 확장했는데 2개의 현대적인 터미널을 갖추고 그중 하나를 국제선으로 이용하고 있다.

송도원여관

2008-09-08 / 송도원여관(강원도 원산시 송흥동)

2008-09-08
송도원여관 연회장

1963년에 개장한 송도원여관은 원산에 온 외국인 방문객들이 선호하는 호텔이다. 명목상으로 이 호텔은 11층에 164개의 객실을 갖추고 있지만 이 사진을 촬영한 2008년에는 단지 낮은 3개 층만이 운영 중이었다.

김일성 동상

2008-09-08

2008-09-08

북한의 각 도시에는 김일성 동상이 있고, 종종 각 지방의 색깔이 담겨 있다. 원산은 항구도시이기 때문에 이곳의 김일성 동상은 믿을 만한 조타수로서 포즈를 취하고 있다. 국경일에 젊은 소년단원들과 여러 사회조직원들이 동상 앞에 꽃다발을 놓기 위하여 모여든다.

원산농업대학 – 옛 덕원성베네딕도수도원 터

1940년경의 덕원수도원

2008-09-08
원산농업대학의 본관으로
쓰이고 있는 옛 교회와 목사
관 건물

1948년 대학이 되기 전에 원산농업대학은 천주교 덕원자치수도원구의 터였다. 이 수도원은 1927년 독일의 상트오틸리엔수도원에 소속된 성 베네딕도회 수도사들이 원산대목구(함경남북도, 북간도와 의란 지역 관할)를 담당하기 위해 원산에서 북서쪽으로 6킬로미터 떨어진 이곳 덕원에 설립하였다. 현재 원산농업대학의 축산학부 건물로 쓰이는 신학교 건물을 건립한 후, 1929~1931년 사이에 신로마네스크 양식으로 교회를 세웠다.

1949년 5월 북한의 비밀경찰들이 수도원을 점령하고 모든 수사와 수녀를 체포하여 감옥과 수용소로 보냈다. 1949년에서 1952년까지 14명의 수사와 2명의 수녀가 처형되었다. 같은 기간 17명의 수사와 2명의 수녀가 기아, 질병, 힘든 육체노동 및 수용소에서의 궁핍한 생활로 사망했다. 초대 교구장이었던 보니파시오 사우어 주교는 1950년 2월 1일, 모든 고위 수사들이 처형되기 이전에 평양에 있는 교도소에서 숨졌다. 1954년 1월 생존한 42명의 독일 수사와 수녀가 독일로 송환되었다. 1952년에 살아남은 수도자들은 한국전쟁이 끝나고 남한의 왜관에 새로운 수도원을 세웠다.

1950년 7월 미국의 폭격으로 수도원의 교회가 파괴되었다. 전쟁이 끝나자 불에 탄 건물 뼈대는 원산농업대학 건물로 개조되었다. 건물의 일부는 현재 행정 건물로 사용되고 있고, 대학의 '역사실'이 설치되어 있다. 그럼에도 불구하고, 어떤 건축적 요소들은 여전히 기독교 교회로서의 기능을 보여 준다.

송도원국제소년단야영소

2008-09-08

2008-09-08

송도원국제소년단야영소는 원산의 북서쪽 송도원해수욕장에 있는, 학생들을 위한 대규모 야영소이다. 이곳에는 기숙사, 강당 및 보트장, 물놀이장 같은 여가 시설이 잘 갖추어져 있다. 이 야영소에 '국제'라는 이름이 붙은 것은 재일본조선인총연합회와 연관된 일본인 자녀를 비롯해서 외국인 자녀들도 이용이 가능하기 때문이다.

천삼리협동농장 - 마을 행정

2008-09-07 / 강원도 안변군 천삼리

2008-09-07
노동 할당량을 넘치게 충족하고 사회주의
생산 경쟁에서 모범적인 노동자로서의 역
할을 한 협동농장의 노동영웅들을 보여
주는 게시판

원산에서 남쪽으로 13킬로미터 떨어진 천삼리협동농장은 김일성의 방문으로 특혜를 받았기 때문에 일반적인 협동농장
이 아니다. 이 농장은 종종 외국인 방문객들에게 선보이기 위한 모범 협동농장의 역할을 한다. 이 협동농장은 쌀과 일반
밭작물뿐만 아니라 잘 관리된 과수원에서 과일(특히 감)을 생산하고 양어장을 운영한다.

2008-09-07 / 천삼리협동농장 농부들의 주택(강원도 안변군 천삼리)

2008-09-07
시어머니와 함께 있는 안내원

천삼리협동농장의 농부들은 언덕의 기슭을 따라 도열한 표준화된 2층짜리 주택에 거주한다. 이 마을은 협동농장의 모델로서 심지어 농장 안내원까지 고용하고 있다.

천삼리협동농장 – 마을 병원

2008-09-07 / 강원도 안변군 천삼리

마을 병원은 협동농장 농부들의 건강을 보살피고 작은 부상을 치료한다.

2008-09-07 / 외국인 방문객들을 위해 공연하는 유치원 아이들(강원도 안변군 천삼리)

2008-09-07

2008-09-07 / 마을 유치원 발코니의 두 아이들

이곳 협동농장의 유치원에 다니는 아이들은 외국인 방문객을 위해 노래하고 공연하는 훈련을 받는다.

원산에서 남서쪽으로 27킬로미터 떨어진 강원도 고산군 설봉리에 위치한 석왕사는 1386년 고려왕조 말기에 세워졌다. 50채가 넘는 건물이 있던 석왕사는 한국에서 가장 큰 불교 사찰 중 하나였다. 일제 강점기에는 경성(서울)-원산 간 철도 노선에서 인기 있는 관광지였다. 사찰의 대부분은 1951년 미군의 공습으로 파괴되었고, 복원된 몇 채를 포함하여 남아 있던 건물들도 1986년의 큰 홍수에 휩쓸려 사라졌다. 오늘날 사찰은 거의 폐허 상태이다. 원래 건물 중 남아 있는 것은 두 개의 돌기둥이 받치고 있는 조계문이 유일한데, 이것은 1783년에 개축된 한국 목공예의 걸작이다.

2008-09-07
조계문(1783)

2008-09-07
조계문의 천장

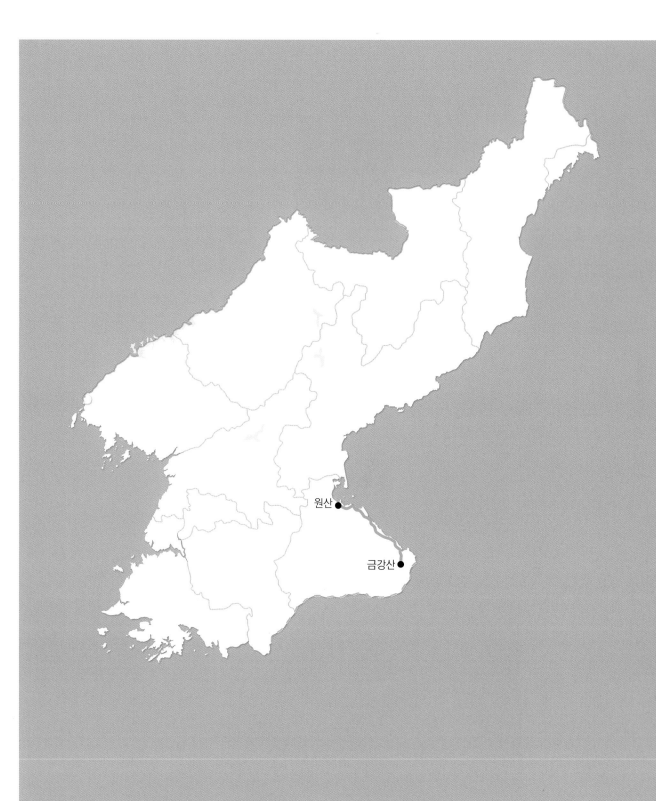
원산●

금강산●

J

동해안을 따라
원산에서 금강산까지

합진리의 곶

1991-09-23 / 강원도 안변군 상음리

원산에서부터는 2차선 콘크리트 고속도로가 동해안을 따라 금강산까지 이어진다. 원산에서 출발해 동쪽으로 19킬로미터를 달리면 상음 부근에 있는 바위투성이 곳에 이른다. 이 곳에서 동해안을 따라 북쪽으로, 원산만의 남쪽 귀퉁이에 해당하는 합진리 마을의 곶까지 바라보는 전망이 매우 좋다. 이곳 해변에는 동해의 파도가 만들어 놓은 백사장이 있다. 불행하게도 지금처럼 군사적 통제하에 놓여 있지 않았다면, 이곳 해안은 서퍼들의 천국이었을 것이다.

소풍 나선 농업단체

1996-08-15 / 강원도 안변군 상음리

1996-08-15

원산의 남쪽 동해안과 금강산 또한 북한에서 국내 여행지로 인기가 높은 곳이다. 합진리의 곶을 조망할 수 있는 동해에
도착했을 때 우리는 이곳이 그들 여정에서 첫 목적지라는 농업단체 회원들을 만났다.

시중호휴게소

1991-09-25 / 강원도 통천군 강동리

1990-07-28
해변의 친구들

원산에서 남동쪽으로 50킬로미터 떨어진 곳에서 도로는 '시중호'라고 불리는 석호를 바다와 차단하는, 좁고 숲이 우거진 사주(砂洲)를 따라 달린다. 이곳의 훌륭한 모래 해변은 개방되어 있어 수영도 가능하며, 관광객을 위한 휴게소도 있다. 식당이 있는 시중호휴게소는 금강산으로 가는 도중에 중간 경유지로서의 역할도 한다. 면적이 2.94제곱킬로미터에 달하는 시중호 기슭에는 시중호요양소가 있는데 이곳에서는 다양한 질병에 대한 진흙 치료를 제공한다.

통천 – 벼 수확

1991-09-23 / 강원도 통천군

통천의 해안평야는 동해안 다른 지역의 해안평야보다 조금 넓어서 벼 재배(논농사)에 이용된다. 농기계가 부족하기 때문에 벼 수확은 낫과 함께 수작업으로 이루어진다.

통천만

1990-07-28 / 강원도 통천군 통천읍

통천은 원산 남쪽의 가장 큰 읍이다. 보호 어장인 통천만을 끼고 있어 중요한 어항이자 어류 가공 장소이기도 하다. 통천만은 미역 생산 등을 위한 바다 양식장으로 활용되고 있다.

1991-09-23

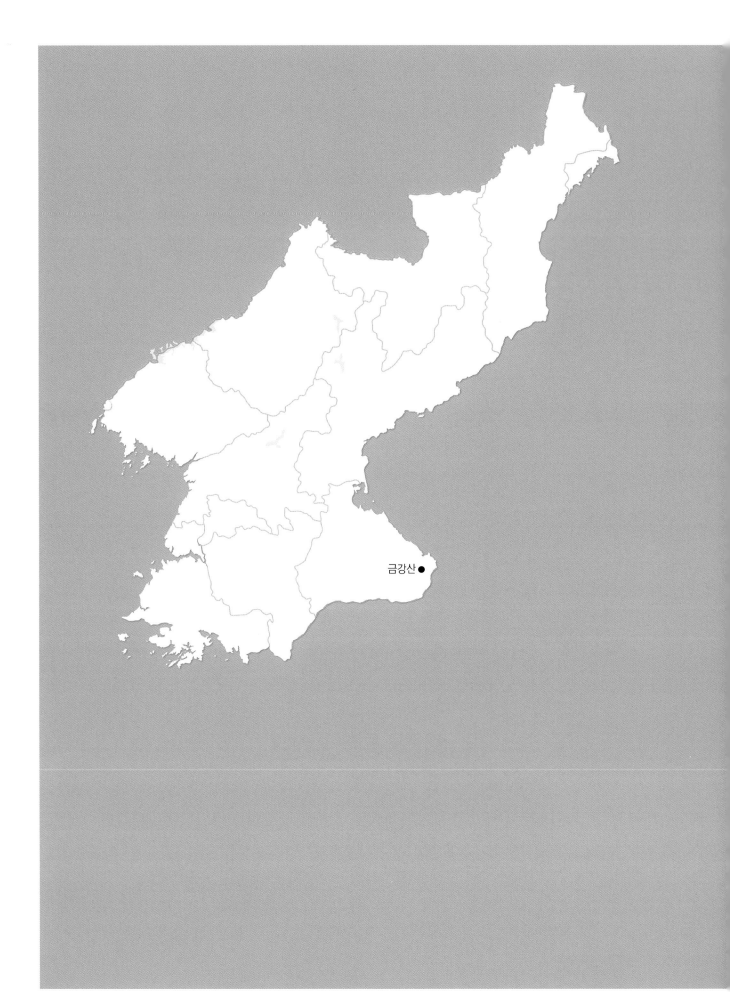

금강산 ●

K

금강산

1988-09-11 / 금강산온천은 이산화규소(SiO₂) 광물을 많이 함유한 온천이다. 라듐과 약간의 방사성 라돈을 포함하고 있는 37～44℃의 온수는 피로를 풀어 주며 심장 질환, 고혈압 및 기타 질병을 치료해 준다고 한다.

풍성한 불교 문화유산이 어우러진 수려한 경관의 금강산은 수 세기 동안 순례자와 관광객들이 찾는 곳이었다. 금강산은 전통적으로 내금강, 외금강, 해금강으로 구분된다. 이들 중 외금강만이 관광객에게 개방되어 있다. 외금강의 주요 볼거리는 금강산온천, 기암괴석이 있는 만물상, 구룡폭포가 있는 옥류동이다.

현대아산과의 협약에 따라 1998년 외금강은 남한 관광객을 대상으로 개방되었다. 원래 30년을 기한으로 체결되던 이 협약은 2008년 7월 한국 관광객이 북한 군인의 총에 맞아 사망하면서 갑작스럽게 중단되었다. 그동안 100만 명이 넘는 남한 관광객들이 금강산을 방문했다.

1996-08-21

만물상은 온정천 계곡의 북쪽 면을 형성한다. 절리가 극심한 세립질 화강암으로 구성된 만물상은 풍화되어 기괴한 암봉과 첨봉들을 이루었고, 그중 많은 것들이 신선이나 선녀 등에 대한 전설과 얽혀 있다.

1991-09-24

목란관은 옥류동 계곡으로 올라가는 출발점이다. 시원한 금강맥주와 옥류천 바로 옆 테라스에서 갓 구운 불고기는 금강산에서 하루의 산행을 마무리하는 좋은 방법이다.

1988-09-11

1988-09-11

1988-09-11

수정처럼 맑은 물이 바위를 타고 폭포처럼 흘러내리는 옥류천을 끼고 왼쪽 또는 오른쪽에서 오르내리는 옥류동 산행은 대단히 특별한 경험이다. 바위에 새겨진 수많은 이름은 방문객들이 수 세기 동안 이 계곡을 즐겨 왔다는 증거다. 바위에 깊게 파서 붉은 페인트로 채워 넣은 거대한 새 각인은 '위대한 지도자'와 당을 칭송한다.

외금강 - 구룡폭포와 상팔담

1991-09-24 / 구룡폭포

1991-09-24 / 상팔담

옥류동으로 4킬로미터를 올라가면, 폭포수가 천둥 치듯이 74미터 아래의 구룡연(九龍淵)으로 떨어지는 구룡폭포에 도착한다. 전설에 따르면, 금강산에는 오랜 옛날부터 9마리의 용이 금강산을 자신들의 영역이라 주장하며 살고 있었는데 서기 4년 인도에서 고성 근처 동해안에 도착한 53불(佛)이 불교를 알리기 위하여 금강산으로 갔을 때 9마리 용이 이들에게 쫓겨 구룡연에 숨었다고 한다.

철제 사다리를 타고 구룡폭포 옆에 있는 구룡대에 오르면, 구룡폭포 위에 있는 상팔담(上八潭)의 깊은 계곡을 내려다볼 수 있다. 이곳은 '금강산 팔선녀' 이야기의 배경으로 잘 알려진 곳이다.

1996-08-21

내금강은 비무장지대 가까이에 위치하기 때문에 군대에 의해 접근이 통제되고 있어서 일반적으로 관광객들의 방문은 가능하지 않다. 그러나 1996년 우리는 조선인민군에게 넉넉하게 기부함으로써 이 지역을 방문할 수 있었다. 조선인민군은 방문을 조정하였고, 도시락과 심지어 이동식 노래방 기계를 포함하여 두 명의 여성 장교를 파견하였다. 이것은 내금강의 유명한 불교 유적지를 볼 수 있는 아주 좋은 기회였다.

내금강으로 가려면 만천동을 통해서 가야 한다. 1977년 이래 이 계곡의 입구에는 '3대 혁명'의 깃발을 높이 든 거대한 천리마가 절벽에 새겨져 있다.

내금강 – 삼불암

만천동에서 표훈사로 올라가는 길은 두 개의 커다란 바위 사이를 지나간다. 그중 하나는 앞면에 3개의 불상이 얕게 돋을새김되어 있고, 뒤쪽에는 더 많은 불상이 조각되어 있다.

1996-08-21 / 강원도 금강군 내강리

한국전쟁 전 금강산에는 4개의 주요 사찰과 21개의 작은 사찰이 존재하였다. 표훈사는 장안사, 신계사, 유점사와 함께 금강산의 4대 사찰에 속했으며 그중 한국전쟁 당시 미군의 공습에서 유일하게 살아남은 사찰이다. 표훈사는 서기 670년 열렬한 불교 왕국이었던 신라의 치하에서 창건되었다. 시간이 지남에 따라 사찰의 규모가 확대되었고, 1778년의 재건을 포함하여 수차례의 복원을 거쳤다. 곧이어 신도들이 사찰에 몰려들었으며 산 위쪽 높은 곳에 정양사라는 작은 절을 건립하기 위한 헌납이 이루어졌다.

내금강 – 만폭동

1996-08-21 / 강원도 금강군 내강리

표훈사 위쪽의 만폭동은 수정처럼 맑은 시냇물이 선반 모양으로 돌출된 암반을 넘어서 반짝이는 푸른 물이 가득한 깊은 소용돌이 속으로 쏟아지는 폭포들이 무수히 많은 아름다운 산속의 계곡이다.

1996-08-21 / 강원도 금강군 내강리

보덕암은 보덕굴 앞을 막아 지은 단칸짜리 암자로, 627년에 창건되고 1675년에 재건되었다. 만폭동 골짜기의 작은 수직 바위절벽 끝에 매달리듯 세워져 있는데 돌출된 부분을 구리 기둥 하나로 지탱하고 있다. 원래 보덕암 위 평지에 판도방 건물이 있었는데 현재는 사라지고 없다.

내금강 – 묘길상

1996-08-21 / 강원도 금강군 내강리

만폭동 오름길에서는 거대한 절벽에 보살(아미타여래)을 돋을새김해 놓은 묘길상과 마주하게 된다. 이 불상은 고려시대에 만들어졌으며 높이 15미터, 폭 9.4미터로 한국에서 가장 큰 마애불이다. 이 마애불은 한때 지혜의 보살 문수에게 봉헌된 보다 큰 사찰의 일부였다. 이 사찰은 조각품 하나만 남기고 조선 후기에 황폐화되었다.

삼일포

1990-07-29 / 강원도 고성군 삼일포리

사주에 의해 바다와 분리된 석호인 삼일포는 지리적으로 해금강에 속한다. 해안 자체는 이중 철조망으로 막혀 있지만, 이곳 삼일포는 관광객들에게 개방되어 있다. 전설에 따르면, 신라의 왕(화랑의 우두머리인 네 명의 국선이라는 전설도 있음)이 이곳을 하루 방문했다가 너무 아름다운 경치에 사로잡혀 3일 동안 머물렀다고 해서 삼일포(三日浦)라는 이름을 얻게 되었다고 한다. 호숫가에 단풍관이라는 레스토랑이 있다. 호수에서는 보트 타기와 수영을 할 수 있다.

해금강

우리가 내금강 방문을 위해 인민군대에 낸 기부금이 매우 관대한 것으로 간주되었기 때문에 인민군대는 이중으로 된 철조망에 있는 문을 열어 주었고, 저녁에는 해금강에도 데려갔다. 해금강은 바다에 의해 침식된 거친 화강암 기암괴석이 있는 야생의 해안이다. 몇몇 병사들이 조개를 잡아서, 우리는 장교들과 조개탕을 나눠 먹으며 우리가 가져온 위스키병을 돌렸다. 우리의 생각은 남한의 통일전망대가 어렴풋이 보이는 비무장지대 너머로 향했고, 그곳의 관광객들은 우리를 관찰하기 위해 100원짜리 동전을 망원경에 얼마나 넣을까라는 궁금증을 잠시 불러일으켰다.

1996-08-22

1996-08-22 / 강원도 고성군 해금강리

별금강

2008-09-08

2008-09-08 / 강원도 고성군 남애리

금강산이 남한 관광객을 위해 현대아산에 임대된 기간(1998~2008) 동안에는 북측 관광객들이 금강산에 접근할 수 없었다. 그래서 북쪽 산악 지역이 관광지로서 이들에게 개방되었다. 별금강이라 불리는 그곳도 경치가 아름답지만 결코 외금강의 경치와는 견줄 수 없다.

별금강에서 외금강 쪽을 본 모습

2008-09-08 / 강원도 고성군 남애리

2008-09-08

별금강의 산 정상에서 남쪽 외금강 쪽으로의 전망이 좋다.

금강산의 일몰

1996-08-14

1996-08-14 / 집으로 가는 길

태양이 남강 수면에 황금빛 경로를 던지며 금강산 위로 지고 황소가 끄는 마지막 달구지가 집으로 향하면, 동화와 전설로 가득 찬 거친 산이 저녁 구름과 밤의 어둠 속으로 사라진다.

● 칠보산

L

칠보산

박달령에서 본 칠보산

2008-09-18 / 함경북도 명천군

칠보산은 함경북도 해안에 융기한 지루(단층운동으로 침강한 주변부에 비해 융기한 중앙부의 지괴)이다. 길주−명천 지구대에 의해 한국 동북부의 주요 산맥과 분리되어 있으며 동쪽에서 가파르게 바다로 떨어진다. 칠보산 그 자체는 천불봉에서 해발 659미터에 이르지만, 칠보산의 서쪽과 남서쪽에 있는 산들은 해발 1000미터 이상이다(상응봉, 1308미터). 칠보산은 혼합된 활엽수림과 침엽수림으로 뒤덮여 있다. 통상적으로 내칠보, 외칠보, 해칠보로 구분되며, 그중 5000헥타르 정도가 자연보호구로 설정되어 보호되고 있다.

내칠보

2008-09-17 / 승선대에서 본 내칠보(함경북도 명천군)

2008-09-17 / 단군대

내칠보에서는 제3기 화산성 각력암의 퇴적으로 만들어진 암석들이 침
식으로 깎이면서 요새, 탑, 기둥 또는 책을 쌓아 놓은 것 같은 모습으로
남아 있다. 전망대와 잘 정비된 등산로 덕분에 관광객들은 이곳을 쉽게
이용할 수 있다.

2008-09-17 / 개심사(함경북도 명천군 보촌리)

2008-09-17
개심사 승려

개심사는 826년 한국의 북동부에서 고구려의 계승자였던 발해에 의해 세워졌다. 1377년에 고려에 의해 복원되었고 오랫동안 종교적 묵상의 장소로 기능했다. 개심사는 북한 국보로 지정되어, 지금은 수많은 중요한 불교 조각품과 그림, 경전의 저장고로서 이용되고 있다.

2008-09-17 / 함경북도 명천군 보촌리

외칠보의 우뚝 솟은 바위산 아래에 모여 있는 소박한 건물들이 칠보산호텔이다.

외칠보 – 하덕폭포

2008-09-17 / 하덕폭포(함경북도 명천군)

무성한 녹색식물로 둘러싸인 암석면 아래로 수정처럼 맑은 물줄기가 흐르는 하덕폭포는 외칠보의 명소 중 하나다.

해칠보 – 보촌 해변과 홈스테이 마을 보촌리

2008-09-17

2008-09-17
함경북도 명천군 보촌리1반

보촌리 어촌에서 남쪽으로 1.5킬로미터 떨어진 해칠보 해변에 관광객을 위한 홈스테이 마을이 새로 건설되었다. 그곳에는 엄선된 농부와 어부의 가족이 입주해 살고 있다. 각 가정에는 홈스테이 손님을 위한 객실과 욕실을 갖춘 부속 건물이 있다. 마을 공동회관은 손님을 위한 식당의 역할도 한다. 비치하우스가 완비된 인근의 훌륭한 백사장 해변은 해수욕객과 관광객을 끌어들인다. 이들은 모닥불 주위에 둘러앉아서 조개구이를 즐긴다.

2008-09-16 / 함경북도 명간군 양화노동자구

보촌리 북쪽의 좁고 굴곡진 도로는 바위투성이의 해안을 따라가는데 해안의 모습은 가파른 절벽이 동해로 떨어지는 형태이다. 칠보산에서 내보내는 짧은 물줄기가 방파제로 보호되는 작은 만으로 흘러드는 곳에만 취락이 발달해 있다. 그곳의 주민들은 해안에서는 물고기를 잡고 마을 뒤쪽의 낮은 경사지에서는 농사를 짓는다. 이런 어촌 중 하나인 소양화마을의 배후지에는 바다를 향해 흐르는 물길이 바위절벽을 타고 떨어지는 아름다운 폭포가 있다.

삼포리 어촌

2008-09-16 / 함경북도 명간군 삼포리

두 마을(소양화와 대양화)로 이루어진 양화의 바로 북쪽에는 더 넓은 만이 제공되는 삼포리마을이 있다. 해변에 매여 있는 어선들과 마을 뒤쪽 낮은 산비탈에 일군 경작지들은 이곳 사람들이 육지와 바다 사이를 오가며 삶을 이어 가고 있음을 보여 준다.

해주도

해안까지 펼쳐진 강릉산의 낮은 경사면은 해주도의 남쪽 만에 늘어서 있는 어촌 타진동의 경지로 덮여 있다. 옥수수와 다른 건조한 밭작물이 이곳에서 재배된다. 이 경사면의 끝 너머에 보이는 작은 섬이 해주도다.

M

동해안을 따라
칠보산에서 청진까지

2008-09-18 / 함경북도 명천군 명천읍

2008-09-18 / 식품가공공장

명천읍은 칠보산 서쪽 길주−명천 지구대에 있는 군청 소재지다. 광범위한 농업지대의 중심지로서 명천의 경제는 식품 가공과 갈탄 채굴이 지배적이다.

명천과 화성 사이 시골길

2008-09-18 / 내포 부근의 7번 국도(함경북도 명간군)

칠보산이 너무 산지라서, 일반적으로 동해안을 따라가는 7번 국도와 평라선 철도는 김책과 어랑 사이에서 해안을 벗어나 칠보산 서쪽의 길주-명천 지구대를 이용한다. 이 지역을 지나는 7번 국도는 주로 소달구지와 자전거가 이용하는 자갈길이다.

명간천 계곡의 현무암 첨봉

길주-명천 지구대에는 제3기 중반의 두꺼운 퇴적층이 보존되어 있다. 그 상층부에는 명간 근처에서 채굴되는 갈탄층이 포함되어 있다. 선신세와 홍적세 동안에 현무암류가 이 퇴적층을 덮었다. 새로운 융기와 함께 상대적으로 부드러운 제3기 중반의 지층과 현무암 덮개 모두가 침식에 의해 부분적으로 제거되어, 저고도의 구역으로 지구대가 나타났다. 지구대는 남대천에 의해 남쪽으로, 명간천에 의해 북쪽으로 배수된다. 침식은 지구대의 북부에서 가장 컸다. 명간천 계곡의 바닥면에서 90미터 정도 위쪽에 탑 모양을 한 현무암 봉우리가 홀로 서 있다. 계곡의 측면에는 오래된 현무암 덮개의 절벽들이 도열해 있다.

어대진의 염전

2008-09-16 / 함경북도 어랑군 어대진노동자구

어대진에서는 사주에 의하여 동해와 단절된 만의 일
부를 바닷물을 증발시켜 소금을 생산하는 염전으로
이용하고 있다.

어랑 근처의 배구미마을

2008-09-18 / 함경북도 어랑군

한국 전통 양식의 문화궁전이 있는 청진으로 가다 보면 어랑 바로 북쪽의 도로변에 배구미라는 마을이 있다.

어랑 북쪽의 염분진

2008-09-18
함경북도 경성군 염분리

2008-09-18

어랑 북쪽의 바위투성이 곶인 염분진에는 작은 바위섬을 연결한 현수교가 놓여 있다. 이 바위섬의 정자에서는 함경북도 해안의 멋진 경관을 볼 수 있다.

2008-09-18 / 함경북도 경성군 염분리 염분동

염분진 바로 북쪽의 조그만 만은 염분동 어부들을 위한 계류장 역할을 한다. 어부들은 노를 젓는 목선으로 연안에서 고기잡이를 한다.

2008-09-18 / 함경북도 경성군 경성읍

경성은 일제 강점기에도 크게 변하지 않은, 옛 성벽으로 둘러싸인 군청 소재지였다. 한국전쟁이 끝난 후 군청 소재지가 온포천과 관모천의 합류점에서 남쪽으로 11킬로미터 떨어진 신도시로 이름과 함께 옮겨졌다. 옛 군청 소재지는 승암노 동자구로 개명되었고 경성군의 일부가 되었다. 북한의 모든 읍과 수많은 마을에서처럼 경성에서도 문화궁전은 공동체 생활의 중심을 형성한다.

2008-09-19 / 함경북도 경성군

2008-09-19
함경북도 경성군

경성 지역은 도자기 제조의 중심지로 잘 알려져 있다. 그것은 북쪽 교외에서 채굴되는 고령토를 기반으로 한다.

온포온천과 요양소

2008-09-18 / 함경북도 경성군

경성군에는 수많은 온천이 있다. 그중 가장 잘 알려진 곳은 읍에서 북서쪽으로 11킬로미터밖에 떨어지지 않은 온포천 계곡의 온포온천이다. 그러나 잘 관리된 이곳 공원에 숨어 있는 고급 요양소들은 대부분 엘리트들을 위한 것이다.

2008-09-18

경성 동부와 승암 동부의 강을 따라 분포한 좁은 범람원을 제외하면, 경성군은 전체 면적의 80%를 산림이 차지할 정도로 산지 지역이다. 산의 낮은 경사면에서는 옥수수가 주된 농작물로 경작된다.

승암과 나남 사이의 은덕동 축산협동농장

2008-09-19 / 함경북도 청진시 나남구역 은덕동

나남 바로 남쪽의 은덕동의 협동농장은 큰 축사단지를 운영하고 있다. 이 협동농장 주변의 야산은 복숭아를 생산하는 과수원으로 덮여 있다.

청진 – 주도로변의 아파트

청진 – 주도로변의 아파트

2008-09-18
함경북도 청진시 포항구역

2008-09-19
함경북도 청진시 포항구역

62만 7000명(2008)의 인구를 보유한 청진시는 함경북도의 도청 소재지이며 오늘날 북한에서 세 번째로 큰 도시이자 두 번째로 큰 항구이다. 1904~1905년 러일전쟁 동안 일본군은 청진에 도착하여 만주 부대를 위한 보급기지를 설립했다. 이것은 그때까지 인구 100명도 안 되던 어촌 마을의 빠른 발전을 촉발시켰다. 통감부 설치 후 1908년에 일본인은 청진에 상업 항구를 열었다. 일본과 중국 간의 환적 중심지로서 그리고 500척의 어선을 거느린 동아시아 최대의 어항 중 하나로서 항구와 도시는 합병 이후 급속도로 확장되었다. 항만 외에도 산업화가 청진의 발전에 중요한 역할을 했다. 풍부한 어획량은 생선 통조림, 어유, 어분 가공공장의 설립으로 이어졌다. 만주에서 수입한 대두는 청진에서 기름과 두부로 가공되었다. 배후지의 풍부한 목재는 일본 레이온사의 화학섬유공장 건설로 이어졌고, 1930년대에 신일본제철사는 무산에서 가져온 철광석을 가공하기 위해 청진에 대형 제철공장을 건설했다. 1938년 청진은 이미 7만 2400명의 주민을 보유한 도시로 성장했다.

청진 유치원

2008-09-18
함경북도 청진시

2008-09-18
함경북도 청진시

함경북도의 수도로서 청진에는 도립대학과 1개의 의학대학, 2개의 교육대학이 입지해 있다. 서로 다른 기술 분야의 5개 대학이 각 산업에서 필요한 간부를 양성한다. 예술 및 외국어 학교는 재능 있는 학생들을 위한 특별 과정을 제공한다. 유사한 과정이 이미 유치원에 제공된다.

김책제철연합기업소와 방치된 청진화학섬유공장

2008-09-18 / 김책제철연합기업소(함경북도 청진시 송평구역)

1930년대에 신일본제철사에 의해 설립되어 한국전쟁이 끝난 후 재건된 청진의 제철공장은 김책제철연합기업소라는 이름으로 무산에서 채취한 철광석을 처리하는 북한 최대 규모의 제철소다. 1975년부터 무산의 선광장에서 나온 정광(불순물을 제거하고 유효 성분을 높인 광석)이 파이프라인을 통해 청진까지 운반된다. 김책제철연합기업소에는 코크스 오븐, 대형 고로, 전로강 및 전기강철공장, 냉연 열간 압연기 및 연속 주조 설비가 갖추어져 있다. 1980년대에는 350만 톤의 선철과 4백만 톤의 철강 용량을 가지고 있었다. 최신 생산 수치는 알려져 있지 않다. 5만 명의 근로자가 있는 이 제철연합기업소는 이 도시에서 가장 큰 고용주다. 청진제강소, 조선소, 기관차공장, 5월10일광산기계공장 등의 후방 공장들이 청진의 산업 구조에 추가된다.

2008-09-18 / 방치된 청진화학섬유공장

소련의 붕괴와 그에 따른 전력 생산용 석유의 부족으로 많은 공장들이 문을 닫았다. 2008년 9월 내가 방문한 기간 동안 일본 레이온공장의 계승 업체인 청진화학섬유공장은 수성천 변에 방치된 녹슨 껍데기에 불과했고, 김책제철연합기업소도 일시적으로 가동이 중단된 것처럼 보였다.

청진은 도시 경제의 기반이 무너지고 농업적 배후지가 많지 않은 상황에서 특히 1990년대 중반의 기근에 큰 타격을 입었다. 1990년대에 주민의 20%가 기아로 사망한 것으로 추산된다.

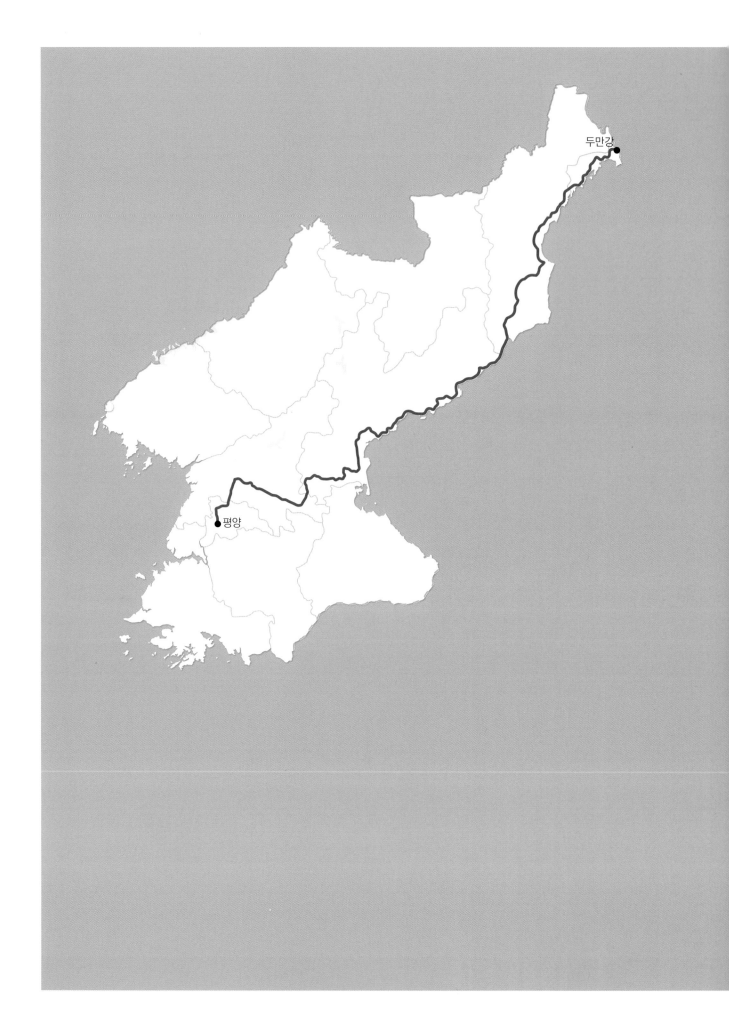

N

기차로
평양에서 두만강/하산까지

평양역의 모스크바행 다층열차*

1990-08-06 / 평양역

1990-08-06

일주일에 두 차례 급행열차 7/8호가 평양에서 두만강을 경유하
여 모스크바까지 운행된다. 이 열차는 평양에서 두만강까지 가는
정규 급행열차에 러시아 침대칸 객차를 마지막으로 연결하고 있
다. 이 객차는 4개 침상의 객실을 가진 2등급 침대칸 객차이며, 객
차의 끝에 위치한 승무원실 건너편에는 러시아식 큰 주전자인 사
모바르가 있어 차 또는 커피를 위한 온수를 제공한다. 정규 열차
에서 분리된 후에는 러시아 열차에 연결되어 모스크바까지 간다.
열차는 매주 월요일과 수요일 10시 10분에 평양역을 출발해 다음
날 9시 15분에 국경역인 두만강역에 도착한다. 한반도 산맥의 중
추를 지나 고원역(함경남도)까지는 북한 철도성의 평라선을 따르
며, 고원역에서부터 강원선과 연결되어 해안을 따라 북쪽 나진역
까지 이어진다.

* Through coach(영), Kurswagen(독), 다층열차(일): 한 열차가 시발역에서 종착역까지
다른 시발역 또는 종착역의 열차와 상호 연결, 분리하면서 운행되는 열차

1990-08-06 / 함경남도 수동구 천을리

단선 철도는 가파른 경사면과 수많은 터널을 통해 한국 산맥의 중추를 가로지를 뿐 아니라 다가오는 열차를 꽤 자주 기다려야 해서 매우 느리게 이동한다. 평양과 두만강 사이의 평균 속도는 시속 37킬로미터에 불과하다. 이것은 여행자에게 경관을 연구할 수 있는 좋은 기회를 제공해 준다.

함경남도 산지의 농사는 주로 옥수수가 주요 작물인 밭농사다. 사진의 전경은 옥수수 타작마당과 옥수수 창고가 있는 수동구의 한 옥수수 재배 협동농장을 보여 준다. 뒤쪽으로 보이는 조금 큰 건물들은 협동농장 관리위원회, 협동농장 관리위원장의 집, 문화궁전이다. 협동농장 구성원(작업반원)들은 계곡 바닥의 가장자리에 줄지어 있는 작은 집에 산다.

1990-08-06 / 덕지강(함경남도 수동구)

1990-08-06
전통적 농가(함경남도 수동구 축전리)

1990년 8월 여행 중에 우리는 고원의 동쪽 축전에서 동해안에서부터 서서히 움직이는 화물열차가 통과하도록 2시간 동안을 기다려야 했다. 기다리는 동안 천연 슬레이트로 덮인 지붕이 있는 전형적인 산지 농가를 보고 덕지강에서 상쾌한 목욕을 즐기는 기회를 가졌다.

고원역 플랫폼에서

1990-08-06 / 함경남도 고원군 고원읍

고원은 분주한 철도교통의 중심지이다. 원산에서부터 올라오는 강원선이 이곳에서 평양과 동해를 연결하고 북쪽으로 나진까지 이어지는 평라선과 연결된다. 여객열차가 산발적으로만 운행되기 때문에 고원역 플랫폼에는 여객열차든 화물열차든 간에 승차할 기회를 기다리는 승객들이 가득하다.

1990-08-07 / 나진의 남쪽

1990-08-07
한국의 표준궤와 러시아의 광궤가 함께 있는 철로

함경북도 연안을 따라 달리는 열차를 타면, 전기울타리와 건너려는 사람의 발자국이 드러나도록 쓸어 놓은 모래 띠를 통해 전 해안이 침입으로부터 보호되고 있음을 알 수 있다.

러시아와의 국경인 두만강과 나진 사이의 철로는 1435밀리미터의 표준궤와 1520밀리미터의 러시아 광궤를 갖춘 이중 궤도로 되어 있다. 따라서 대차(짐을 태워 레일 위를 움직이도록 하는 바퀴가 달린 받침대) 교환을 위한 멈춤 없이도 러시아에서 나진항으로 모든 열차가 이동할 수 있다.

나진항

1990-08-07

나진의 마을과 항구는 1930년대 후반 남만주 철도에 의해 만주의 콩과 콩 제품의 환적 지점으로 건설되었다. 현재 나진 선봉경제특구의 일부인 나진항은 300만 톤의 처리 용량을 갖춘 부동항으로 중국 회사와 러시아 회사에 부두가 임대된 상태이다.

나진 정유공장

나진에서 러시아산 원유는 가솔린과 여러 다른 석유 제품으로 정제되었다. 이후 소련의 붕괴에 따라 석유 공급이 중단
되었고 나진의 정유공장도 가동을 멈췄다.

1990-08-07 / 나진역의 러시아 급유차

1990-08-07
나산특별시 관곡동

두만강역 – 러시아로 통하는 북한의 육상 관문

1990-08-07 / 나선특별시 두만강동

두만강역은 북한으로 수입되는 러시아산 제품의 환적지 역할을 한다. 승객을 실은 모스크바행 국제열차 7/8호 객차의 대차가 러시아 광궤도에 맞게 변경되고, 국경 통과 승객을 검문하기 위해 북한의 국경 순찰대가 객차 내로 입장한다. 1990년에는 이 과정에 5시간이 걸렸다. 그러고 나서 객차는 두만강 건너 러시아로 끌고 갈 러시아 기관차에 연결된다.

러시아 하산과 연결된 두만강 하류의 다리

1997-08-28 / 두만강철교(조로우의교)

두만강은 마지막 17킬로미터 부분에서 북한과 러시아의 국경을 형성한다. 1952년 두만강을 가로지르는 최초의 목조 철도 교량이 이곳에 세워져, 바라놉스키(Baranovsky)에서 하산(Khasan)까지 이어지는 소련의 극동 철도를 북한의 철도망과 연결하였다. 이 다리는 중국, 러시아, 북한 국경이 교차하는 삼각 지점에서 불과 500미터 하류에 건설되었다. '조로우의교'라고 불리는 현재의 철제 다리는 임시 목제 다리를 대체하기 위하여 1959년 8월에 시공되었다. 자동차가 이동할 때는 임시로 선로 위에 널빤지 등을 깔아 건널 수 있게 해 준다.

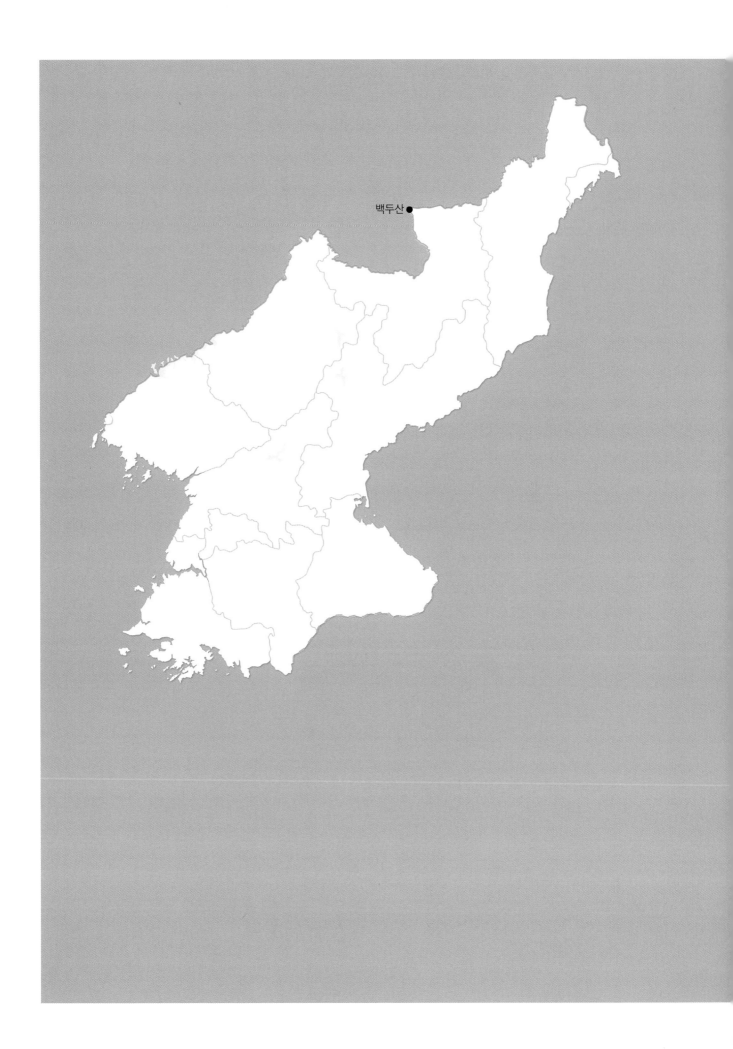
백두산

O

백두산과 그 주변

백두산

1991-09-28

북·중 국경에 있는 백두산은 높이 2750미터의 휴화산으로 주변 멀리서도 가장 높은 산이다. 한반도나 중국 동북부의 다른 어느 산도 이 고도에 도달하지 못한다. 아마도 이러한 이유 때문에 한국인과 만주족 모두 백두산을 '성스러운 산'으로 숭상하며 민족의 건국신화와 연결시키고 있다. 백두산이라는 이름은 겨울에는 눈 때문에, 여름에는 하얀 화산재로 덮여 있어서 항상 봉우리가 하얗다는 사실을 반영한다. 화산의 중심에는 화구연(외륜산)의 가장 높은 봉우리 아래로 폭 4킬로미터, 깊이 560미터에 달하는 화구를 채운 칼데라호가 있다. 천지라고 불리는 이 호수는 맑은 하늘을 비추고 외륜산 주변의 빨강, 회색, 검정의 용암층과 황백색 화산재를 반영할 때 짙은 파란색을 띤다. 천지의 전망은 의심할여지 없이 이 땅의 위대한 경관 중 하나이다.

1996-08-17

1990-07-31

백두산은 최고의 관광지이지만 북한에서 육로로 접근하기가 어렵다. 따라서 외국인 단체관광객은 일반적으로 평양에서 전세기를 타고 들어온다. 그리고 백두산에서 동쪽으로 28킬로미터 떨어진 민군 겸용 비행장인 삼지연공항에 착륙한다.

삼지연

2008-09-16 / 양강도 삼지연군 삼지연읍

2008-09-16
양강도 삼지연군 삼지연읍

2008-09-16
삼지연학생소년궁전

2008-09-16
삼지연 베개봉여관

백두산에서 남동쪽으로 30킬로미터 떨어진 삼지연은 1940년 벌목장으로 시작되었으며, 1961년에는 새로 설립된 삼지연군의 행정 중심지가 되었다. 학생소년궁전, 문화궁전, 고등학교, 병원 및 일부 2층짜리 아파트 등 도시적 요소가 있는 거리를 제외하고는 군청 소재지보다 벌목장에 더 적합한 1층짜리 통나무집들로 구성되어 있었다. 그러나 북한이 1995년 제3회 동계 아시안게임 개최지로 삼지연을 제안했기 때문에 1990년대 초 삼지연은 스키 시설을 포함하여 현대적이고 잘 정비된 도시와 비슷하게 완전히 재건되었다. 북한은 나중에 환경 보호를 이유로 개최권을 반납하였고, 경기는 1년 뒤 중국 하얼빈에서 개최되었다.

혁명전적지 답사자들을 위한 삼지연 숙영소

1990-07-31

1990-07-31

삼지연은 도시의 바로 북쪽에 3개의 호수가 있어 붙은 이름이다. 1980년대에 호수 동쪽의 낙엽송림지대에 혁명전적지를 답사하려는 노동자, 학생, 어린이연합 회원, 예술가 각각을 위해 통나무집으로 구성된 숙영각 4개 단지가 건설되었다. 호수 반대편에는 경계가 삼엄한 김일성과 김정일의 여름 별장이 있었다.

1991-09-27 / 삼지연대기념비의 김일성 동상

1996-08-18
방문객들

1937년부터 1939년까지 국경 수비를 강화하기 위해 일제는 길이 120킬로미터의 '갑무경비도로'를 건설했다. 이 도로는 삼지연 호수를 100미터 동쪽으로 지나간다. 1939년 5월 21일, 김일성의 게릴라 부대는 무산지구에서 일본군과 교전하기 위해 이 길을 밟으며 북쪽으로 행진했다. 대홍단에서 치러진 이 '승리의 전투'는 조선인민군의 혁명 역사에서 중요한 사건이 되었다. 40년 후 삼지연 호숫가에 거대한 기념비가 세워졌는데, 이곳은 이 전투에 나서기 전 김일성의 전사들이 마지막 휴식을 취했던 곳이다. 삼지연대기념비는 백두산을 배경으로 전사 동상들의 호위를 받으며 청년사령관의 포즈를 취하고 있는 거대한 김일성 동상이 중심이다. 한쪽에는 거대한 봉화탑과 사적비가 있다. 김일성이 사진을 찍은 곳과 그의 동지이자 부인인 김정숙이 머리를 씻은 곳을 표시해 놓은 특별한 기념물도 설치되어 있다.

갑무경비도로에서의 행군

1996-08-18

갑무경비도로에서 김일성 부대의 행군 일부를 재연하는 것은 군인들에게 '혁명 정신'을 심어 주기 위한 조선인민군의 전통에 속한다.

백두고원의 낙엽송림과 수목한계선

1990-07-31

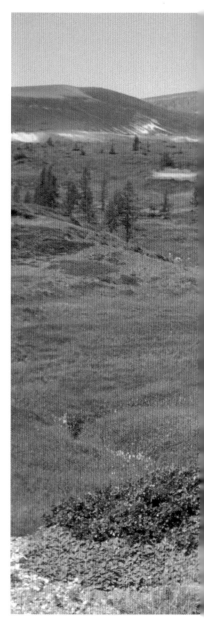

1996-08-18 / 고산 수목한계선에서

백두산의 남동쪽 백두고원의 상부는 낙엽송림으로 덮여 있다. 이곳 백두산의 남동쪽 경사지에서 잎갈나무(소나뭇과의 낙엽교목)는 해발 2000미터 부근에서 고산 수목한계선을 형성한다. 북쪽과 서쪽 그리고 남쪽의 경사지에서 수목한계선을 형성하는 사스래나무(자작나뭇과의 낙엽교목)는 토양 때문에 이곳에서는 자라지 않는다. 수목한계선 위의 대지는 북극의 툰드라지대와 유사하게 고산 초지와 아름다운 풀꽃들로 덮여 있다. 그러나 조금만 높아져도 이 식생 피복은 벌써 동토현상의 방해를 받는데, 예를 들어 식생이 없는 화산재의 솔리플럭션 테라스(solifluction terrace)가 산재하여 식생의 띠가 나타난다. 칼데라를 둘러싼 봉우리들의 가파른 경사면은 주로 용암이 굳은 자갈로 이루어져 있으며, 몇몇 야생화지대를 제외하고는 거의 완전히 불모지다.

백두산의 저고산지대

1996-08-18

현재의 수목한계선보다 훨씬 위쪽의 고지대에서는 화산재 위로 솟은 굵은 침엽수 줄기들이 있다. 이들은 천 년 전, 보다 나은 기후 조건하에 성장했으나 백두산의 밀레니엄 분화(아마도 946년경) 당시에 두꺼운 화산재층 아래 묻힌 숲의 잔재이다. 전 세계 역사상 가장 강력한 화산 폭발 중 하나인 이 분화는 20킬로미터 이상의 높이로 100~120세제곱킬로미터

1991-09-28 / 저고산지대의 동토현상. 화산재의 솔리플럭션 테라스로 인해 식생이 띠 모양으로 분포한다.

의 테프라(화산 폭발로 산출되는 쇄설물)를 공중에 뿜어냈으며 한국 북동부, 중국 북동부 및 일본 북부의 많은 지역을 화산재로 덮었다. 일부 골짜기에서 화산재층이 제거되는 최근의 침식은 이 고대 숲의 나무 일부를 노출시키고 있다.

백두산의 기상관측소

한국의 기상관측소는 대부분 저지대에 위치하고 있어 고지대에서의 관측이 부족하다. 따라서 백두산의 기상관측소는 한국의 기상관측망에서 중요한 연결 고리다. 그 자료는 한반도의 3차원 기후 모델을 이해하는 데 필요하다. 북한의 기상대는 백두산으로 가는 도로가 깊은 골짜기를 가로지르는 백두다리에서 오랫동안 기상관측소를 운영하다가 1990년대 초 장군봉 밑으로 이동했다. 이들 관측소의 자료는 북한 밖으로 공개되지 않기 때문에 기후 조건에 대한 정보를 얻으려면 중국 측 백두산의 해발 2622미터에 위치한 톈츠(天池)관측소의 자료를 사용해야 한다. 연평균 기온은 −7.3℃(1959~1988년), 1월 평균 기온은 −23.3℃였다. 가장 따뜻한 7월의 평균 기온은 8.5℃였다. 주변에서 가장 높은 산인 백두산은 종종 구름으로 덮여 있으며 연간 214일 비 또는 눈이 온다. 연평균 강수량은 1379밀리미터이고 이 중 72%가 6월에서 8월 사이에 내린다. 강설은 10월 상순에 시작되고 마지막 눈은 보통 8월 하순 전에 녹지 않는다. 천지는 12월 초순부터 6월 중순까지 평균 두께 1.5미터의 단단한 얼음층으로 덮여 있다.

1991-09-28 / 새 기상관측소(해발 2370미터)

1996-08-17 / 옛 기상관측소와 백두다리

장군봉 - 백두산 최고봉

1991-09-28

북한의 선선매제들은 1930년대 김일성의 지휘하에 가장 중요한 게릴라 공적이 있었던 백두산을 '혁명의 성스러운 산'이라고 부르고, 김일성의 출생지인 만경대에 이어 두 번째로 중요하게 여긴다. 김일성을 기리기 위해 천지 주위를 둘러싼 산 고리의 최고봉인 대정봉(일제가 부르던 이름)을 장군봉으로 개명하였다. 높이는 해발 2750미터이다. 옛 일본의 측량을 기반으로 한 남한 지도에서는 2744미터로 표시되고 있다.

1996-08-18

백두산 남쪽 경사지의 압록강 발원지

2008-09-15 / 백두폭포

2008-09-15 / 천군바위

압록강은 백두산 남동쪽 비탈에 발원지가 있다. 그곳에서 남쪽으로 흐르면서 사기문폭포, 백두폭포, 형제폭포를 형성하는데 이들은 백두산을 이루는 용암층을 깊숙이 절개한다. 5킬로미터가 지나면 압록강은 북·중 경계를 형성하기 시작한다. 여기서 강은 깊은 협곡으로 두터운 화산재층을 절단하는데, 협곡의 양 벽면에는 화산가스에 의해 안정화되면서 풍화작용을 견뎌 낸 화산재 기둥들이 서 있다. 이 암석 기둥의 행렬은 천군바위라고 불린다.

2008-09-15 / 김정일의 어린 시절 장난감   2008-09-15

1980년대 초 김일성이 자신의 아들 김정일을 후계자로 세우기 시작했을 때, 북한 당국은 김일성이 게릴라로 활동하던 시절의 밀영지를 백두산 아래의 숲에서 '재발견'하여 김정일이 1942년 2월 16일에 이곳에서 태어났다고 주장했다. 이후 백두산밀영은 북한의 또 다른 '혁명 성지'가 되었다. 안내원들은 '백두광명성'이 태어났을 때 하늘에서 쌍무지개가 뜨고, 새들이 노래를 부르고, 한겨울에 진달래가 꽃을 피기 시작했다고 하는 등 초자연적인 현상을 동원해 혁명 전설을 포장하는 데 서로 열을 올린다.

그러나 소련의 기록에 따르면, 사실 김정일은 1941년 시베리아 하바롭스크 인근의 뱌츠코예(Vyatskoye)마을에서 유리 이르세노비치 김(Yuri Irsenovich Kim)으로 태어났다. 그의 아버지 김일성은 중국과 한국 망명자들로 구성된 소련 제88여단 제1대대를 지휘했다. 이러한 조작의 목표는 분명하다. 바로 김일성의 후계자 탄생을 한국 땅과 민족의식을 대표하는 상징적 장소에 두는 것이다.

이명수폭포

2008-09-15 / 양강도 삼지연군 이명수노동자구

삼지연의 남쪽에 위치한 이명수 계곡의 가파른 서쪽 경사면은 수평 현무암층으로 이루어져 있다. 이 수 킬로미터 길이의 두 층 사이에서 지하수가 솟아 나와 곳곳에 베일처럼 보이는 수많은 폭포를 형성한다.

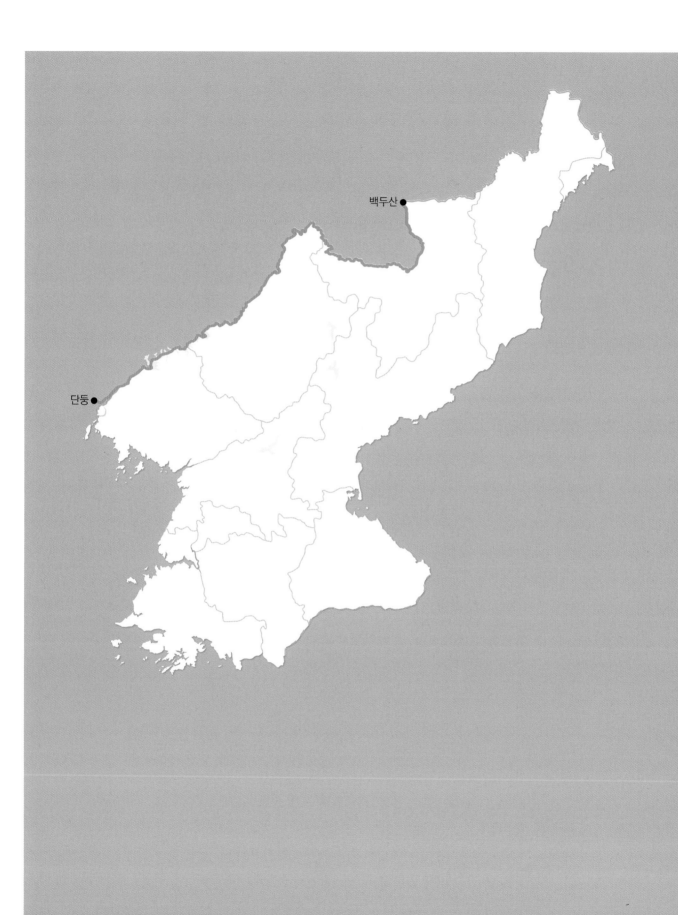

백두산●

단둥●

P

압록강을 따라
발원지부터 하구까지

백두산의 북·중 국경

2010-06-26
백두산 위 북한과 중국의 국경 표석

2010-06-26 / 압록강 상류를 따라 중국 쪽에 설치된 국경 울타리

1420킬로미터 길이의 북한과 중국의 국경선은 압록강과 두만강에 의하여 형성되어 있다. 두 강의 발원지는 모두 백두산의 경사면에 있다. 강의 경계는 몇몇 섬을 제외하면 상당히 안정적이었지만, 백두산의 육상 국경은 수 세기 동안 다툼이 있었다. 한국인과 만주족의 신화적 발상지로 꼽히는 백두산은 조선과 청나라 양자에 의해 온전히 자기들 것이라 주장되었다. 1963년에 북한과 중국은 국경 협정을 체결하고, 천지를 양분해 백두산의 남동쪽 절반을 북한에, 북서쪽 절반을 중국에 제공하는 국경선을 표시했다. 남한은 이 합의를 공식적으로 인정한 적이 없다.

긴 국경선 대부분은 강도, 많은 경우 무장한 북한 경비대가 국경을 넘어서 중국 농가를 습격하는 것을 막기 위해 중국 쪽에 보호 울타리가 설치되어 있다. 이 울타리는 아마도 북한 난민의 유입을 막기 위한 조치일 수도 있다.

압록강 상류의 마을

2010-06-26
삼포 근처(양강도 삼지연군)

2010-06-26
화전리 근처(양강도 보천군)

북한에서 외국인 방문객으로서 여행할 때에는 항상 안내원와 통역이 동행한다. 당연히 그들은 그들 나라의 밝은 면만을 보여 주려고 한다. 만약 중국 쪽에서 두만강 혹은 압록강을 따라 홀로 여행할 경우라면 통제받지 않고 북한을 엿볼 수 있는 기회가 주어진다. 나도 2010년과 2012년에 백두산에서 단동 아래 압록강 하구까지 전 구간을 여행할 때 그랬다. 그당시 나는 백두고원의 가난한 마을뿐만 아니라 번성하는 마을, 쇠퇴해 가는 산업도시뿐만 아니라 호하(자강도 중강군의 노동자구)처럼 아주 새로운 산업과 취락이 있는 곳을 보았다.

혜산 – 위연동의 개선

2010-06-26

혜산의 동쪽 끝에 있는 위연동은 중국 창바이의 수변 정자 바로 맞은편에 보이는 황폐한 구역이었다. 압록강 건너편에
서 중국인과 외국인 관광객들이 이곳을 들여다볼 수 있다. 최근 이곳에는 새 기차역과 고급아파트가 들어서는 등 주목
할 만한 개선이 이루어졌다.

2018-09-28 / 양강도 혜산시 위연동

압록강 건너 창바이에서 본 혜산

2010-06-25 / 양강도 혜산시

인구 19만 2680명(2008)의 도시 혜산은 압록강 변에 있는 중국의 도시 창바이의 맞은편 강변에 위치하고 있다. 1954년부터 새로 만들어진 양강도의 행정 중심지 역할을 해 왔다. 혜산의 경제적 기반은 백두고원에서 벌목된 나무를 가공하는 목재와 제지산업이다. 그러나 혜산은 반복적으로 심각한 전력 부족 문제가 있었기 때문에 그 공장들이 여전히 가동되고 있는지는 알려져 있지 않다. 1960년대에 처음 개발된 혜산청년광산은 도시의 남서쪽 끝에 위치하며, 연간 1만 톤의 구리 농축액을 생산하는 광산이다. 1990년대에는 전기가 공급되지 않아서 갱도가 여러 차례 홍수에 휩싸였고, 결국 모든 광산 장비를 상실하였다. 1998년 중국에서 들여온 전기와 장비를 이용해 광산의 배수에 성공했다. 오늘날 중국의 완샹자원유한공사가 혜산청년광산의 지분 51%를 소유하고 있고, 여기서 생산된 구리는 전량 가공을 위해 중국으로 운송되고 있다.

압록강의 뗏목

2010-06-25 / 뗏목이 지나가는 부전리(양강도 김형직군)

전통적으로 백두고원에서 벌목된 목재는 뗏목으로 만들어져 압록강을 거쳐 신의주까지 운송되었다. 이를 통해 신의주는 목재와 제지산업의 중심지가 되었다. 일제가 한국과 중국 동북 지역의 주요 수력 에너지 자원으로서 압록강을 개발하기 시작하자, 뗏목이 이동할 수 있는 구간이 점점 짧아졌다. 1937~1941년 기간에 압록강에 최초의 댐이자 아직도 가장 큰 댐인 수풍댐이 건설되었다. 뒤를 이어 운봉댐(1942~1959), 위원댐(1979~1987), 태평만댐(1982~1987)이 들어섰다. 운봉댐이 최상류에 있는 댐이기 때문에 압록강에서의 뗏목 이동은 이제 운봉댐에서 멈춘다. 댐에 도달한 뗏목은 해체되고, 통나무들은 화물차에 적재되어 철도로 수송된다.

2012-07-02 / 운봉댐에 도착한 뗏목(자강도 자성군 운봉노동자구)

호하노동자구의 노천 광산

2012-07-01
선광 시설
(자강도 중강군 호하노동자구)

2012-07-01
광산촌
(자강도 중강군 호하노동자구)

호하의 '3월5일청년광산'은 자강도 최북단의 압록강 굽이에 있는 구리와 금을 캐는 노천 광산이다. 강 건너편 중국 쪽에
서 바라봐야 다 보이는 이곳에 들어선 새 선광 시설을 비롯해 동일한 형태의 두 가족용 주택들과 현대식 공공건물이 있
는 광산촌은 물론 선전용이다. 이 광산의 소유 구조와 생산 데이터는 알려져 있지 않다.

토성리 – 자강도의 북쪽에 있는 마을

#180

2012-07-01 / 자강도 중강군 토성리

토성리는 운봉호 연안의 잘 개발된 마을로 학교, 문화궁전, 충성비 등을 갖추고 있다.

운봉호

2012-07-01 / 자강도 자성군 연풍리

운봉호는 운봉댐 뒤편에 수력발전용으로 압록강의 물 38억 9500만 세제곱미터를 저장하고 있는 호수다. 댐 건설은 1942년에 시작되었지만 1945년에 일본의 패망으로 중단되었다. 1959년 10월에 댐 건설이 재개되었고 1965년 9월에 100메가와트 프랜시스 터빈 발전기 4대 중 하나가 처음으로 가동되었다. 운봉댐은 높이 113.75미터, 길이 828미터의 콘크리트 중력댐이다. 발전소는 강이 굽이치는 능선 뒤에 위치하며 두 개의 터널로 호수와 연결되어 있고 400메가와트 용량의 발전기 4대를 보유하고 있다. 발전기 1호와 3호는 중국에 전력을 공급하고 2호와 4호는 북한에 전력을 공급한다.

급경사지 경작 – 대규모 토양 침식의 요인

#182

2012-07-01 / 자강도 자성군 연풍리 부근

2010-06-25
자강도 중강군

압록강 계곡의 북한 쪽은 가파른 경사지조차 대부분 경작지로 이용되고 있어 토양 침식에 매우 취약하다.

운봉댐 인력을 위한 주택

2012-07-02 / 자강도 자성군 운봉노동자구

운봉댐 바로 밑에는 댐에 고용된 노동자들과 댐 아래 목재 야적장에 고용된 노동자들의 주거지가 있다. 목재 야적장에서는 압록강 상류에서 뗏목으로 이동된 목재들을 가공하여 철도차량에 적재한다.

지안 – 고구려의 수도 국내성 터

고구려(기원전 37년~서기 668년)는 백제, 신라와 더불어 한국의 고대 3국 중 하나였다. 고구려는 한반도의 대부분, 만주의 많은 부분, 러시아 극동과 몽골의 동쪽 일부를 통제했던 광개토대왕(서기 391년~412년 통치) 치하에서 황금기를 구가하였다. 서기 3년부터 427년까지 고구려는 수도인 국내성을 압록강의 중국 쪽 지역인 오늘날의 지안(集安)에 두었다. 광개토대왕의 무덤으로 추정되는 장군총* 근처에는 아들 장수왕이 한자로 아버지의 업적을 칭송하는 비석(광개토대왕릉비)이 세워져 있다.

* 저자는 장군총을 광개토대왕의 무덤으로 칭하였으나 장수왕의 무덤이라 보는 시각도 있다.

1997-09-02
광개토대왕릉비

1988-04-16 / 장군총

2012-07-03

2012-07-03
자강도 위원군 위원읍

위원은 중국과 북한 사이의 공식 출입국 지점 4곳에 속하지 않는다. 그럼에도 불구하고 제품들이 이곳 압록강을 건너,
때로는 트럭에 탑재된 채 북한으로 운송되어 유엔의 제재를 약화시킨다.

수풍댐

2012-07-03

2012-07-03 / 북한 측(평안북도 삭주군 수풍노동자구)

압록강 최초의 댐은 1937년부터 1941년까지 일본의 압록강수력발전주식회사가 건설한 높이 106미터, 길이 899.5미터의 수풍댐이다. 완공 당시 댐은 아시아에서 가장 크고 세계에서 두 번째로 컸다. 1943년에는 6대의 발전기를 갖추고 세계에서 세 번째로 큰 수력발전소가 되었다. 한국전쟁 중에 미 공군은 발전소를 차단하기 위해 수백 개의 폭탄과 전투기를 동원해 대규모 공습을 세 번이나 시도했지만 매번 빠르게 수리되었다. 현재 댐 하부에 있는 원래의 발전소에는 105메가와트의 프랜시스 터빈 발전기 6대가 있으며 중국 측 발전소에는 67.5메가와트 발전기 2대가 있어 댐 발전소의 총 시설 용량은 765메가와트다. 댐의 630메가와트 주 발전소에서 생산된 전력은 중국과 북한에 균등하게 분배된다. 수풍댐은 북한의 국가 상징물에 두드러지게 등장한다.

2012-07-03 / 평안북도 삭주군 청수노동자구

2012-07-03

청수는 삭주군에 있는 노동자구, 즉 소규모 공업도시인데 공장 몇 채가 모두 가동되지 않는 듯 황폐해 보인다.

청성의 단교

2012-07-03 / 평안북도 삭주군 청성노동자구

2012-07-03

한국전쟁 당시 미군의 폭격으로 인해 압록강을 가로질러 중국의 허커우와 북한의 청성을 연결했던 도로 교량의 중앙부가 무너졌다. 이 '끊어진 다리(단교)'의 중국 쪽 부분은 관광지가 되었다. 다리 옆에는 한국전쟁 당시 전사한 마오쩌둥의 장남 마오안잉(1922~1950)을 기리는 기념물이 있다.

국경명소로 자리 잡은 중국의 단둥

2012-07-03 / "일보과(一步跨)"

단둥에서 북·중 국경을 따라 상류 쪽으로 거리가 짧은 몇몇 곳은 중국 관광객을 위한 명소가 되었다. 명나라 때 축조된 만리장성을 복원한 호산장성(虎山長城)* 바로 아래 압록강에는 북한의 섬 어적도가 있고 중국의 강둑과 단지 아주 좁은 물길로만 분리되어 있어 일보과(一步跨), 즉 '한 걸음만 건너면' 북한 땅에 갈 수 있다. 단둥 가까이에는 1951년 5월 30일 한반도 진입을 위해 중국인민지원군이 건설한 임시 철교의 잔해가 진흙탕 물속에 튀어나와 있는 곳이 있다. 이곳의 청동 기념물은 중국인민지원군을 환영하는 북한의 가족과 중국 전사들의 모습을 보여 준다.

* 중국은 만리장성의 일부라 주장하지만 원래는 고구려 박작성이 있던 곳을 복원하여 호산장성이라 이름 지은 것이다. 현재 호산장성의 일부에 고구려 산성의 성벽이 이용된 것으로 확인되고 있다.

2012-07-03
1951년 5월 30일 북한으로 전진하기 위하여
중국인민지원군이 건설한 임시 다리의 잔해

2012-07-03
중국인민지원군을 환영하는 북한의 기념상

2012-07-04

1943년 일제에 의해 건설된 단둥–신의주 간 도로와 철도가 결합된 조중우의교(#086 참조)는 북한 대외무역의 주요 관문 역할을 한다. 중국은 북한 수출량의 87%를 수입하고 북한 수입량의 90%(2018)를 제공하는데 이 중 상당 부분이 이 다리를 통해 운반된다.

중국은 몇 년 전에 이곳에서 13킬로미터 하류에 압록강을 가로지르는 4차선 고속도로 현수교를 새로 만들었다. 그러나 신압록강대교라 불리는 이 다리는 아직 개통되지 않았으며 북한의 논바닥에서 길이 끝난다.

독일 지리학자의 북한 답사 앨범

새로운 북한, 오래된 북한

초판 1쇄 발행 2020년 9월 20일

지은이 에카르트 데게

옮긴이 김상빈

펴낸이 김선기

펴낸곳 (주)푸른길

출판등록 1996년 4월 12일 제16-1292호

주소 (08377) 서울특별시 구로구 디지털로 33길 48 대륭포스트타워 7차 1008호

전화 02-523-2907, 6942-9570~2

팩스 02-523-2951

이메일 purungilbook@naver.com

홈페이지 www.purungil.co.kr

ISBN 978-89-6291-877-9   03980

■이 도서의 국립중앙도서관 출판예정도서목록(CIP)은 서지정보유통지원시스템 홈페이지(http://seoji.nl.go.kr)와 국가자료공동목록시스템(http://www.nl.go.kr/kolisnet)에서 이용하실 수 있습니다.(CIP제어번호: CIP2020035884)